JN081097

Riot.JSで
ライオットジェイエス
簡単Webアプリ開発

桑原聖仁 著

C&R研究所

■権利について

● 本書に記述されている社名・製品名などは、一般に各社の商標または登録商標です。

● 本書では™、©、®は割愛しています。

■本書の内容について

● 本書は著者・編集者が実際に操作した結果を慎重に検討し、著述・編集しています。ただし、本書の記述内容に関わる運用結果にまつわるあらゆる損害 ・ 障害につきましては、責任を負いませんのであらかじめご了承ください。

● 本書についての注意事項などを5 ～ 9ページに記載しております。本書をご利用いただく前に必ずお読みください。

● 本書は2020年5月現在の情報をもとに記述しています。

■サンプルについて

● 本書で紹介しているサンプルコードは、GitHubからダウンロードすることができます。詳しくは5ページを参照してください。

● サンプルコードの動作などについては、著者・編集者が慎重に確認しております。ただし、サンプルコードの運用結果にまつわるあらゆる損害 ・ 障害につきましては、 責任を負いませんのであらかじめご了承ください。

● 本書の内容についてのお問い合わせについて

　この度はC&R研究所の書籍をお買いあげいただきましてありがとうございます。本書の内容に関するお問い合わせは、「書名」「該当するページ番号」「返信先」を必ず明記の上、C&R研究所のホームページ(http://www.c-r.com/)の右上の「お問い合わせ」をクリックし、専用フォームからお送りいただくか、FAXまたは郵送で次の宛先までお送りください。お電話でのお問い合わせや本書の内容とは直接的に関係のない事柄に関するご質問にはお答えできませんので、あらかじめご了承ください。

〒950-3122 新潟県新潟市北区西名目所4083-6　株式会社 C&R研究所　編集部
FAX 025-258-2801
『Riot.jsで簡単Webアプリ開発』サポート係

‖‖PROLOGUE

Riot.jsは、とてもシンプルかつ軽量なコンポーネント指向のUIライブラリです。

現代ではJavaScriptのフレームワーク・ライブラリは数多く公開されており、Webアプリケーションの作り方もだいぶ変化してきました。現代のデファクトスタンダードな考え方、設計思考が「コンポーネント指向」です。この手法で開発するフレームワーク・ライブラリも数多く存在します。

「基礎学習は終えたので、次は何かしらのフレームワーク・ライブラリを利用してWebアプリケーションを開発してみたい!」「でも、どれを使えばいい?」「どれがオススメ?」「軽くググるとVue.js、React、Angular、Nuxt.js、Next.jsなどがあるけど、結局、どれがいいの?」「どれだったら早く身に付けられそう?」などなど、多くの疑問が生まれてくると思います。

その回答として、筆者はRiot.jsをオススメしていきたいと思い、筆を執った次第です。本書はそのRiot.jsについて、手を動かしつつ学んで行くことを目的としています。

‖‖こんな方におすすめ
- JavaScriptフレームワークに初めて触れてみる方
- あまりJavaScriptでの開発に詳しくないデザイナーさん
- HTML、CSSは書けるがSPA開発は初めての方
- どのフレームワーク・ライブラリを使うか悩まれている方
- 小さなWebアプリケーションをサクッと作りたい方

「そんなに簡単なら、この本読まなくてもいいんじゃない?」という疑問が生まれるかもしれません。実際にRiot.jsの公式サイトの日本語訳もあるので、そちらを読んで手を動かしていただくだけで、かなりRiot.jsが使えるようになると思います。しかし、チュートリアルがあるのではなく、実践的に手を動かしながら学ぶような構成ではありません。どちらかというとリファレンスのような構成になっています。

また、どんな便利なツールにも落とし穴や、使っていて初めて出てくる問題も色々ありますので、本書では各章ごとにテーマを決め、いくつかのアプリケーションをRiot.jsを用いて開発し、Riot.jsの使い方やWebアプリケーション開発について慣れていただければと思います。

▌▌▌ 本書の特徴

　Riot.jsの特徴については後ほど詳しく言及しますが、JavaScriptのフレームワーク・ライブラリを用いてWebアプリケーションを開発するにあたって、なぜRiot.jsをおすすめすることができるのかというと、Riot.jsが**教育的なUIライブラリともいえるから**だと思っています。

　Riot.jsはとてもシンプルで軽量なため、覚えるものは少ない分、他のフレームワーク・ライブラリと比較してパワー負けするような印象を受けるかもしれません。しかし、筆者はそれはそれで正しい思想だなと感じています。というのも、現代のフロントエンドの世界のフレームワーク、ライブラリ、その他のモジュールたちはどんどん責務が分けられた1つの洗練されたツールに変化していっている印象です。そのため、1つのWebアプリケーションを開発するだけでも、利用するツールは大小さまざまなものを組み合わせて1つの開発環境を構築しています。

　すなわち、さまざまなツールを組み合わせるのであれば各ツールはシンプルであればあるほど、そのツールが目的に沿っているのかマッチするのかの判断が早く正確になります。また、Webアプリケーション開発は調べたりツールを組み合わせたりすることが大半を占めるため、フロントエンド開発のためにほぼすべての機能が用意されたフレームワークを最初に使うと、もちろんそれはとても便利ではありますが、教育的ではないなと筆者は感じています。

　たくさんのフレームワーク・ライブラリが開発されるということは、**そのツールの数だけ特徴や思想、主張があります。それらの思想を学ぶ機会が多いほうがエンジニアとしての幅を広げ、引き出しを増やすことにつながります。**また、この引き出しの量が多いほど、それらを組み合わせることで設計力につながるとも思います。

　このような意味でRiot.jsは教育的だと思っていますし、筆者が最初に触れるフレームワーク・ライブラリとしてRiot.jsをオススメしたい理由の1つとなります。本書でもRiot.jsの仕様や使い方を学びますが、後半は外部のツールを導入した開発がメインで進んでいくので、これからWebアプリケーション開発をする方の参考になると思います。

▌▌▌ さぁRiot.jsでWebアプリケーションを作ろう!

　何度も申し上げましたが、改めて宣言させていただきます。Riot.jsを使うと、とても簡単にかつ楽しくWebアプリケーションやSPAが作れるようになります!　本書が皆様のRiot.jsそのものの理解を助け、開発を少しでも楽にできれば幸いです。ともに、Riot.jsの事例が増えることを心待ちにしてます。

2020年5月

　　　　　　　　　　　　　　　　　　　　　　　　　　　　　　　　桑原聖仁

本書について

対象読者

本書では、HTML、CSS、JavaScript（ES2015）を読み書きできる読者を対象としています。特に、本書で登場するJavaScriptのコードは基本的にES2015+で書かれているものがほとんどです。ただし、それほどレベルの高い知識を必要とするわけではないのでご安心ください。

また、随時プログラムの説明も致しますが、基本的には各言語そのものの説明は省略していますので、ご了承ください。

動作環境について

本書では執筆時点として下記の環境で動作確認を行っています。

- Riot.js v4.12.4
- @riotjs/route v5.3.1
- @riotjs/observable v4.0.4
- Node.js 12.17.0（LTS）

今後、各ライブラリのバージョンアップが行われ場合、動作しない可能性があります。その場合は、上記のバージョンをインストールして、動作するかご確認ください。Riot.js本体の不具合の報告は公式リポジトリのissueにも上がっている可能性があるので、そちらを確認するとよいでしょう。

さらに本書では、macOS、Google Chromeをベースに執筆しており、本書中のアプリケーションのデモや説明はそれらを基準にしています。もし、他のOS・ブラウザをご利用の際は、デバッグの仕方などは適宜、読み替えてください。

また、本書では、基本的にJavaScriptはECMAScript2015以降の記法で書いているので、もしお使いのブラウザがInternet Explorerの場合は、適宜、ECMAScript5に読み替えてください。BabelやPolyfillを知っている場合はそれらのツールを導入していただくとよいでしょう。

▌▌▌本書の構成

本書は**手を動かしながら学ぶ**という点に重きをおいており、基本的に各章完結型になっています。そのため、Riot.jsについてある程度、知っている方は飛ばしながら読んでいただいても大丈夫です。下記が各章の内容のダイジェストになります。

- CHAPTER 01：Riot.jsの紹介になります。ここで手を動かすことはありません。あくまで読み物の章となります。
- CHAPTER 02：基本的な書き方や文法など、Riot.jsの作法について学ぶ章です。
- CHAPTER 03：TODOアプリを開発しつつ、Riot.jsでの開発の勘をつかんでいただければと思います。
- CHAPTER 04：Giphy APIを利用したGIF画像検索サービスを開発していきます。APIとの通信の仕方を身に付けます。
- CHAPTER 05：CSS周辺ツールを紹介しつつ、Riot.jsでのスタイリングの仕方を学んでいきます。
- CHAPTER 06：最後に本格的なアプリケーションとして、CMSを開発していきます。
- APPENDIX：今後、本格的にWebアプリケーションを開発する上で、知っておいたほうがよいことを説明しています。

▌▌▌ソースコードの表記について

本書の表記に関する注意点は、次のようになります。

▶ソースコードの中の▼について

本書に記載したサンプルプログラムは、誌面の都合上、1つのサンプルプログラムがページをまたがって記載されていることがあります。その場合は▼の記号で、1つのコードであることを表しています。

▶ソースコードdiffの見方について

また、ソースコード内ではdiffと呼ばれる形式でコードの差分が書かれることもあります。見慣れない方には少しコツが必要な記法なので、下記に読み方を紹介します。たとえば、次のようなコードがあったとします。

```
  <body>
-   <app></app>
+   <todo></todo>

-   <script type="riot" src="./app.riot"></script>
```

- で書かれた行は削除され、+ で書かれた行は追加されます。書き換えた場合は、このように以前のものが - で表示され、新しいものが + で表示されます。

もし、単純に追記をした場合は、特に削除した変更はなく、追記のみが適用されます。

基本的に**マイナス記号の箇所は削除し**、**プラス記号のところは書き足す**と覚えておくと間違いありません。

▮▮▮ 本書のサポートについて

　本書の誤字脱字、誤植などをまとめるGitHubリポジトリを公開しています。読者の方々で、もし本書の記述でおかしい点、誤字脱字、誤植などを発見されましたら、随時ご連絡いただけますと幸いです。

- 誤字脱字・誤植まとめリポジトリ

  `URL` https://github.com/kkeeth/riot4-book-support

　また、本書では、説明のためにたくさんのソースコードが登場します。それらのソースコードもまとめたGitHubリポジトリも用意しているので、もしわからない点があれば参照していただければと思います。

- 本書ソースコードまとめリポジトリ

  `URL` https://github.com/kkeeth/riot4-book-example-apps

　それらのデモサイトも公開しています。とにかく触ってみたいという方は上記リポジトリにリンクを記載しているので、参照してください。

CONTENTS

■CHAPTER 03

はじめてのRiot.jsでのアプリケーション開発

■CHAPTER 04

Giphy APIを利用したアプリケーション

■CHAPTER 05

Riot.jsでのスタイリング

■CHAPTER 06

CMSの開発

■APPENDIX

今後の開発に向けて

CHAPTER 01

Riot.jsについて知ろう

Riot.jsとは?

　Riot.jsは、とてもシンプルかつ軽量な**コンポーネント指向**のUIライブラリです。Riot.js以外にも、JavaScriptにはたくさんのフレームワーク・ライブラリが存在しますが、現在ではこのコンポーネント指向が主流となっています。

- ●Riot.jsの公式サイト

    URL https://riot.js.org/ja/

●Riot.jsの公式サイト

R

Simple and elegant
component-based UI library

カスタムタグ・楽しい構文・明晰なAPI・軽量

ドキュメンテーション　API　コンパイラ　FAQ　マイグレーションガイド

　軽く歴史的な経緯をお話ししますと、当時はGoogle社製のフレームワークAngularJSを筆頭に、Backbone.js、Knockout.jsなどのフレームワークが人気で、「三大JavaScriptフレームワーク」ともいわれてきました。

　そこにFacebook社がReactというコンポーネント指向のUIライブラリを発表しました。この設計思想がとても素晴らしく、世の中のJavaScriptのフレームワークやライブラリも一気にコンポーネント指向に変化しました。

　Riot.jsもこの流れに乗り、version2を開発する際にコンポーネント指向に切り替わり、現在のversion4まで発展してきました。

▏▎なぜriot(暴動)という名前なの?

riotという英単語の意味は、「暴動」となります。名前が少し荒々しい単語ですね。もちろんこれには理由があります。

世の中にはJavaScriptのフレームワーク・ライブラリがものすごくたくさんあり、どのツールを使うとしても、そのツールのルールにしたがって開発をしなければなりません。このルールが従来の方法でWebページを作ってきた方からすると、ちょっと難しく感じることが多いのです。

もちろんプログラマーの人からすると「簡単で便利だ!」といえるものもあると思いますが、Webエンジニア初心者の方やデザイナーの方だと、JavaScriptだけでなくそもそもプログラミングすら慣れていない方も多いでしょう。

その難しさや複雑さに対する「暴動」ですので、riotという名前が付けられました。とにかく**シンプル、簡単、わかりやすい**を追求して作られているので、初心者にもすぐ馴染むものと思います。

▏▎Riot.jsの利用状況

執筆時点でのRiot.jsのGitHubスターの数は14163まで伸びました。

●Riot.jsのGitHubスターの数

他のライブラリに比べると少ないですが、しかし着実に数字を伸ばしてきています。筆者の肌感では、企業による導入よりも、個人のプライベートアプリケーションの開発での導入の方がよく耳にします。逆に捉えると、それくらい手軽に始めやすいともいえます。

また、公式サイトでも「ヒューマンリーダブル」と謳っているように、Web標準であるHTMLの仕様にできるだけ近い形でアプリケーションの開発ができるようにデザインされているので、**入門の敷居が低く、本当に使いやすいライブラリ**だと思います。

また、毎月のnpmからのダウンロード数を見ると、約3万ダウンロードされていることから、根強く利用されていることもわかります(筆者としては嬉しい限りです)。参考までに、次ページの図が「npm trends」(https://www.npmtrends.com/riot)というサイトのダウンロード推移のグラフです。

●6カ月内のriotのダウンロード数推移

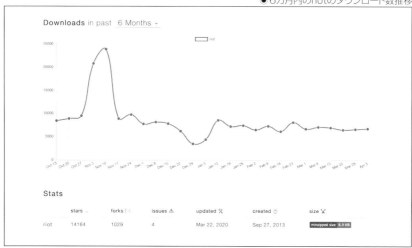

Ⅲ 他のフレームワークとの比較

「はじめに」で書いたように、初めてJavaScriptのフレームワークやライブラリを利用してWeb
アプリケーションを開発するのであれば、Riot.jsをオススメします。思想的な意味ではすでに述
べているので、ここでは学習について他のフレームワークとの比較を交えて説明します。

現代のJavaScriptフレームワーク・ライブラリの有名どころでは、下記が挙がると思います。

- React
- Next.js
- Angular(※AngularJSとは別物です)
- Vue.js
- Nuxt.js
- Svelte

これらの特徴や学習コスト(機能の多さ、フレームワーク固有の書き方、独自機能、周辺ツー
ルなど)を筆者の経験と所感でまとめてみると、次のようになります。

▶ React

Reactは、Facebook社謹製のコンポーネント指向UIライブラリです。本体の機能やサード
パーティ製のライブラリも豊富で、しっかり作り込むようなWebアプリケーションに向いています。
JSX記法もこのフレームワークの特徴の1つです。

本体の機能も豊富で学習コストは低くはありませんが、新しい機能がたびたびリリースされ
るのでキャッチアップが少々、大変です。その他のライブラリとの組み合わせで学ぶことも多
いです。

コンポーネント指向、UIライブラリのさきがけというのもあり、世界的にダウンロード数は圧倒
的No.1です。

▶ Next.js

Next.jsはReactをベースにWebアプリケーションを開発するためのさまざまな機能(プリレンダリング・静的サイトを生み出す・CSS in JSなど)を備えたフレームワークです。Reactとその周辺ライブラリを包括して1つの開発環境を提供してくれるのも魅力の1つです。

このフレームワークそのもののキャッチアップはそれほど大変ではなく、あくまでReactとその周辺ライブラリを包括したもののため、学習としてはReactの方が高くなります。

ダウンロード数は、この中では第4位。2019年にversion9がリリースされて再度、人気が出始めた印象です。

▶ Angular

AngularはGoogle社製のJavaScriptフレームワークです。ある意味でフレームワークらしいフレームワークで、他のものと比較しても圧倒的に豊富な機能を備えている反面、容量も大きいです。TypeScriptが必須なのも特徴の1つです。

おそらくこの6つの中で最も本体の学習コストが高いフレームワークといえるでしょう。基本的な機能の学習コストはReactと大差はありませんが、本格的にAngularを利用してアプリケーション開発するときはさまな機能を学ぶ必要があり、そこのコストは低くないといえます。

ダウンロード数はVue.jsと同じくらいです。こちらはアジアだけにとどまらず、広く世界的に利用されています。

▶ Vue.js

ReactやAngularの良い機能を取り込んだUIフレームワークです。中国の天才Evan You氏が1人で開発したことでも話題になりました。可読性の高いシンタックス、豊富な機能、とても見やすい公式ドキュメントで一気に人気を博しました。

豊富な機能な分、学習コストはそれほど低くはありません。Reactより低く、Svelteよりは高いくらいの感覚です。

GitHubスター数はReactを超えてこの6つの中では1位ですが、ダウンロード数は第2位です。アジア圏、特に中国ではNo.1になっています。

▶ Nuxt.js

Nuxt.jsは、誤解を恐れず大まかに言ってしまうと、Next.jsのVue.js版です。Next.jsの内容をVue.jsに置き換えるとほぼ同様です。

ダウンロード数は、この中では第5位です。軽いライブラリでもあるので、Vue.js+ライブラリで使うユーザーが多いと思われます。

▶ Svelte

Svelteは、最も最近にリリースされ、洗練された機能、テンプレートシンタックスで、現在人気急上昇中のライブラリです。この6つの中では最も容量も軽く、今後が期待されるライブラリでもあります。軽さに比例して、他のものと比較して最も学習コストは低いですが、他のライブラリとの親和性は未知数です。

この中では最も最近リリースされたものでもあり、まだダウンロード数はこの6つの中ではワースト1位ですが、知名度は急上昇中のため、半年後には変わっているかもしれません。

これらを踏まえた上でRiot.jsを比較してみると、やはり学習コストという観点ではSvelteと同じくらいで、最も低いのではないかなという印象です。Vue.jsもReactもそれほど高くはないですが、事前知識の量もそれなりに求められ、低くはない感は否めません。

その上で学習プロセスを考えると、次のような流れがよいのではと筆者は考えています。

1 Riot.jsかSvelteでフレームワーク・ライブラリに入門する

2 もう少し規模感の大きい、または本格的なプロジェクトで開発するためにVue.js/Nuxt.jsを取り入れる（もちろんReact/Next.jsに移ってもよいが、Vue.jsより難しい印象）

3 よりしっかりしたルール上で開発したい、大規模プロジェクトで開発するとなった場合に、AngularやReact/Next.jsに移行する

もちろんいろいろな考え方がありますし、はじめからVue.js/Reactでよいのでは、という意見もあると思います。はたまた、ちゃんとフレームワーク上で開発する方がよいのでAngularからがはじめるのがよい、という思想もわかりますので、読者の好みにお任せします。

筆者の一意見としては、やはり上記のようにRiot.jsから触ってみるのがいいと思っております。

Riot.jsの設計思想と利点

ここでは、Riot.jsがどのような思想で設計されているかや、利点について解説します。

Riot.jsの設計思想

前節でも少し述べましたが、Riot.js は「**シンプル、簡単、わかりやすい**を追求したライブラリを作ろう!」という思想から開発がスタートしました。そしてその思想は今のRiot.jsにもしっかりと受け継がれており、はじめてJavaScriptのフレームワークを触る人におすすめできるものだと筆者は自信を持って言うことができます。また、Riot.jsのライバルはReactとよくいわれていました。というのも、以前の公式サイトのTOPページには「A REACT- LIKE, 3.5KB USER INTERFACE LIBRARY」という記載がありました（出典: http://devsite.muut.com/riotjs/）。

当時のRiot.js開発チームは、Facebook社のReactのコンポーネント指向という設計思想について感謝を述べていました。コンポーネントにすることで、次のメリットが生まれるからです。

- アプリケーションのソースコードを削減できる
- DOM操作とjQueryのセレクタの数を減らすことができる
- UIのコードがより簡単でわかりやすくなる

また、理想的には、JavaScriptで作業するだけでビューも自動的に処理されるようにもなります。しかし、Reactにも問題がありました。それは次のような点です。

- フレームワークのサイズが大きすぎる
- 覚えることも多い
- JSXが苦痛

Riot.jsがこの問題に対する解となると考えたRiot.js開発チームは、version2でコンポーネント指向に舵を切るとともに、公式サイトにもその旨を記載しました。ちなみに、公式サイトにはReactとRiot.jsのプログラムの比較が載っています。

詳しくは下記のブログ（英語）に記載されているので、興味がある方はあわせて読んでみてください。

- From React to Riot 2.0
  URL https://muut.com/blog/technology/riot-2.0/

||| Riot.jsの利点

ここではRiot.jsの強みを紹介します。

▶ とにかく軽量、でもパワフル

Riot.js は他のフレームワーク・ライブラリと比較して、とても軽いです。かなり軽いといわれているVue.jsの1/3以下の軽さです。Riot.jsよりも軽いものはまだたくさんありますが、どれも機能が足りなかったり、表現するものを絞ったライブラリだったりですので、Riot.jsのパワフルさは出ない印象です（前節で触れたSvelteがライバルですね）。

「軽いことはわかったけど、それほど軽いことの何がいいの?」という疑問が浮かぶかもしれません。現代ではスマートフォンでWebアプリケーションにアクセスすることが多くなってきました。それに比例して、スマートフォンそのものの性能・スペックも向上されましたが、アクセスするWebページで読み込むファイルの容量が大きければ大きいほど表示速度は下がりますし、また、通信のパケット量も上がってしまいます。よって、軽量であることはやはりメリットなのです。

▶ 学習コストが低い

前述した通り、Riot.jsは他のフレームワークやライブラリと比較すると、とても軽量なライブラリであり、機能も最小限になっているため覚えることが少なく、すぐに使いこなせるようになります。下記は最も単純なRiot.jsのアプリケーションの例になります。

SAMPLE CODE index.html

```
<body>
  <app></app>
  <script src="./app.riot" type="riot"></script>

  <script>
    riot
      .compile()
      .then(() => {
        .mount('app', {
          title: 'Hello Riot.js!'
        })
      })
  </script>
</body>
```

簡単に解説すると、**<app></app>** というタグがappコンポーネントの展開先、その下で読み込んでいる **app.riot** がアプリケーションの本体になります。Riot.jsはこのように独自の「タグ」をhtmlに置き、このタグの中でプログラミングしていく形となります。

次に **riot.mount** の部分が、アプリケーションの起動命令です。この命令がRiot.jsにおけるすべての始まりともいえます。上記のサンプルでは、起動時に **title** というキーでメッセージも渡しています（詳しくはCHAPTER 02で説明します）。

SAMPLE CODE app.riot

```
<app>
  <h1>{ props.title }</h1>
</app>
```

`app.riot` では、渡されたメッセージを表示しています。上記のように、Riot.jsでは mount命令で渡される値は **props** という変数にセットされています。

▶カスタムタグ、ヒューマンリーダブル

下記は先ほどの例よりもう少し実践的なTODOアプリのサンプルです。

SAMPLE CODE todo.riot

```
<todo>
  <!-- layouts -->
  <h2>{ props.title }</h2>

  <!-- logic -->
  <script>
    // 何らかの処理
  </script>

  <!-- styles -->
  <style>
    /* コンポーネント内のデザイン */
  </style>
</todo>
```

どうですか、既視感がありませんか？ HTMLの中に、JavaScriptとCSSを書いていきます。これは今までのWebアプリケーションやWebサイトの作り方と同じです。これをコンポーネントという単位でくくり、パーツ化して開発していくのがRiot.jsの方針となります。

▶書いていて楽しい!

Riot.jsは前述したように、非常に軽量でAPIの数も少ないですが、とてもパワフルです。そのため、学習コストは少ないのにどんどん開発ができていきます。それでいて、表現力も豊かで今までのような書き方で進められるため、本当に書いていて楽しくなると思います!

そんなRiot.jsの使い方をこれから一緒に学んでいきましょう!

01

Riot.jsについて知ろう

02
03
04
05
06
A

導入事例

Riot.jsを使って作られたWebサイト・Webアプリケーションは数多くあります。海外の方が利用事例は多いですが、日本でもだんだん使っている事例は増えてきました。日本で使われているRiot.jsはversion2も少しあり、意外と知名度はそこそこあるのがわかります。いくつか導入企業をピックアップします。

- MuuMuuDomain(GMOペパボ株式会社)
  - **URL** https://muumuu-domain.com/
- excite(エキサイト株式会社)
  - **URL** https://www.excite.co.jp/
- insightwatch(クラスメソッド株式会社)
  - **URL** https://insightwatch.io/
- Shop Current & Upcoming Vehicles(アメリカン・ホンダ・モーター)
  - **URL** https://automobiles.honda.com/
- block.fm(株式会社block.fm)
  - **URL** https://block.fm
- Rakuten ラクマ(楽天株式会社)
  - **URL** https://fril.jp/
- デイリーポータルZ(イッツ・コミュニケーションズ株式会社)
  - **URL** https://dailyportalz.jp/

また、上記以外にも申請があった場合のみですが、導入した事例をまとめた**Made with Riot**というサイトもあるので参照してみてください!

- Made with Riot
  - **URL** https://riot.js.org/made-with-riot/

●Made with Riot(導入事例サイト)

CHAPTER 02

Riot.jsの基礎

開発環境を用意する

Riot.jsがどういうライブラリなのか概要がわかったところで本格的にRiot.jsに触れていきたいと思いますが、まずはその前に**開発環境**を整えていきましょう。建設でもプログラミングでもアート作品の制作でも、クリエイティブなことをするにはまず事前準備が不可欠です。プログラミングにおける準備が、「開発環境」になります。Riot.jsの開発環境は大きく分けて次の3種類が存在します（他のライブラリやフレームワークも同様でしょう）。

- CDN（Content Delivery Network）によるインブラウザ・コンパイルでの実行
- WebpackやParcelなどのバンドラの利用
- Riot.js公式のCLIの利用

インブラウザ・コンパイルでの実行

インブラウザ・コンパイルとは、ブラウザでRiot.jsタグを直接コンパイルしてJavaScriptに変換し、実行することを意味します。バンドラとは異なり、毎回ブラウザで即時実行されるので、バンドラ時間がなく、素早くアプリケーションを作ることができます。

現在はオンライン実行環境を提供するサービスも多く存在するので、手軽に始めるのであれば、この方法がおすすめです。本章でもオンライン実行環境を用いて、インブラウザ・コンパイルの方法で解説を行います。

- インブラウザ・コンパイル
- `URL` https://riot.js.org/ja/compiler/#インブラウザ・コンパイル

バンドラの利用

バンドラ（bundler）とは名前の通り、**複数のファイルをまとめてくれるツール**になります。まとめることが主な責務ですが、最近のバンドラはコンパイルやトランスパイルも一緒に行ってくれます（もちろん全部まとめてやってくれるのなら、それに越したことはないですから）。たとえば、複数の **Sass/Scss** ファイルをCSSファイルに変換し、1つの `style.css` にまとめたり、**ECMAScript 2015**で書かれたJavaScriptファイルを**ECMAScript 5**に変換したり、**ESLint**などの静的コード解析ツールにかけてくれたりなど、いろいろなことを設定すれば、バンドラが自動で行ってくれます。Node.jsのエコシステムの恩恵を受けられるのも大きいですね。

現代のフロントエンドの開発では、バンドラを使った開発が世界中でも主流になっています。なお、バンドラを利用した開発はCHAPTER 04以降で利用していくことになるので、この章ではバンドラを利用した開発環境の構築については触れません。もし先にバンドラを利用したい方は、149ページを先に見てください。

▍▍ Riot.js公式のCLIの利用

　Riot.js公式のCLIとして **@riotjs/cli**（https://github.com/riot/cli）があります。**CLI**とは、**Command Line Interface**の略で、コンピューターに文字列で命令を出し、それに応じた応答を文字列で返すことで、コンピューターを対話的に操作する仕組みになります。Windowsでは**コマンドプロンプト**、Macでは**ターミナル**がそのためのアプリケーションになります。

- Riot.jsコマンドラインによるコンパイル

　　URL https://riot.js.org/ja/compiler/#riotjs-コマンドラインによるコンパイル

インブラウザ・コンパイルでの実行環境

インブラウザ・コンパイルでの実行環境には大きく分けて「オンライン」「オフライン」の2つの方法があります。前者のオンラインでは、フリーのオンラインエディタサービスがたくさん存在しますので、それらを紹介します。

また、後者のオフラインでは、もちろんインターネットにはつながっていないですが、開発ができるような環境を整えていきます。

ではまずは、オンラインの方法から見ていきましょう。

▌▌▌オンラインエディタ「Plunker」

JavaScriptでよく使われているオンラインエディタとしては、次の4つがあります。

- JSFiddle(https://jsfiddle.net/)
- JS Bin(https://jsbin.com/)
- Plunker(https://next.plnkr.co/)
- Code Sandbox(https://codesandbox.com/)

Riot.jsコミッターの間でよく使われているオンラインエディタはこの中の3つ目、**Plunker**がよく使われているので、本書でもPlunkerを利用していきます。

少しだけ余談をしますと、Plunkerのサイトは今年、大幅なリニューアルが行われ、かなり使いやすく、かつ軽くなりましたので、以前は使っていた方も改めて使ってみると感動するかもしれません。

●PlunkerのTOPページ

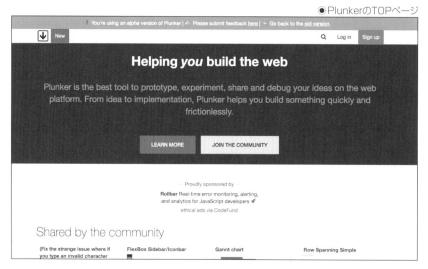

では、PlunkerでRiot.js用の実行環境を揃えていきましょう!

▐▐▐ Riot.jsの実行環境を作る

まずは下記のURLにアクセスし、サインアップ（アカウントの新規作成）を行ってください。すでにアカウントを作成している方はログインしてください。

URL https://next.plnkr.co/

次に画面左上の「New」というボタンをクリックします。

●新規プロジェクトの作成

すると、画面上部からモーダルでプロジェクトのタイプを選択するように聞いてきますので、「Default」を選択してください。これで新規プロジェクトが自動で作成されます。

●新規プロジェクトの作成の完了

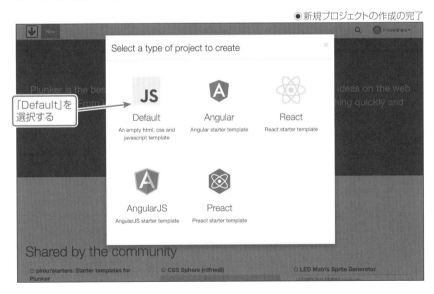

　ここで画面右上の「Preview」というボタンをクリックするか、Macを使っている場合は `Shift+⌘(command)+Enter` キー、Windowsを使っている場合は `Ctrl+Enter` キーで、今のプロジェクトのプレビュー画面が表示されます。ここで `Hello Plunker!` と表示されていましたら大丈夫です。ここからソースコードを書き換えていきます。

　ソースコードを書き換える前に、Riot.jsのソースコードを取得する必要がありますが、今回はCDN（Contents Delivery Netwoking）というサービスを利用します。少し余談をしますと、CDNとは、同じコンテンツを多くの配布先、たとえば多くのユーザーの端末に効率的に配布するために使われる仕組みのことです。なぜ効率的かというと、世界中にコンテンツを配布するサーバー（エッジサーバーといいます）を配置しコンテンツをコピーしておきます。すると、ユーザーは一番ネットワーク内で近いエッジサーバーからコンテンツを取得できるので、高速に取得することができます。

　世の中にはCDNサービスがたくさんありますが、JavaScriptでよく使われる有名なサイトとしては次の3つがあります。

- cdnjs（https://cdnjs.com/）
- jsdelivr（https://www.jsdelivr.com/）
- unpkg（https://unpkg.com/）

　3つのサイトとも大差はないので好きなものを使ってください。今回はunpkgを使います。なお、cdnjsではRiot.jsの最新バージョンが執筆時点ではまだ登録されていなかったので、注意してください。

　unpkgのサイトにアクセスすると、`unpkg.com/:package@:version/:file` のようなURLにアクセスするようにと記載があります。今回はRiot.jsのversion4を使うので下記のURLにアクセスしてみてください。

URL https://unpkg.com/riot@4/riot+compiler.min.js

　version4最新版が表示されると思います。ちなみに、`.min.js` は `.js` でも問題ありませんが、圧縮されていない形式で表示されるため、少し容量が増えてしまいます。そのため、`.min.js` を使うことをオススメします。また、今回はインブラウザでコンパイルもセットで実行するので、`riot+compiler` を指定しています。

　ではPlunkerに戻り、画面左のカラムから `index.html` をクリックし、次のように追記してください。やっていることは、CDNサービスからRiot.jsのソースコード本体を読み込むように設定しています。

SAMPLE CODE index.html

```
  <head>
    <link rel="stylesheet" href="lib/style.css">
+   <script type="text/javascript" src="https://unpkg.com/riot@4/riot+compiler.min.js"></script>
    <script src="lib/script.js"></script>
  </head>

  <body>
-   <h1>Hello Plunker!</h1>
+   <h1>Hello Riot.js!</h1>
  </body>
```

ここまで設定できましたら実行してみましょう。 ⌘(command)+S をクリックするか、下図のように画面左上の「Save」ボタンをクリックして変更を保存してください。

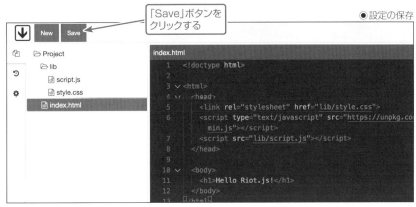

● 設定の保存

ここで、新規プロジェクトを作成した場合はプロジェクトの設定をするモーダルが表示され、タイトルとタグを求められるので、任意の値を入力し、右下の「Save」ボタンをクリックしてください。

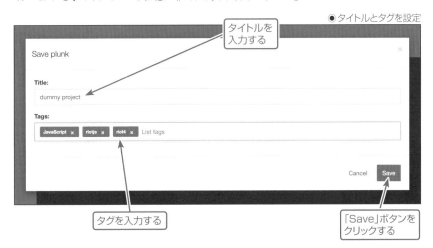

● タイトルとタグを設定

登録できましたら画面右上の「Preview」ボタンをクリックして **Hello Riot.js!** と表示されたら初期の設定は完了です。

ではここから、実際にRiot.jsを使って上記のコードを書き換えていきます。 **index.html** を次のように変更してください。中身の説明は後述します。

SAMPLE CODE index.html

```
  <body>
-   <h1>Hello Riot.js!</h1>
+   <app></app>

+   <script src="app.riot" type="riot"></script>
+   <script>
+     riot
+       .compile()
+       .then(() => {
+         riot.mount('app', {
+           title: 'Hello Riot.js!'
+         })
+       })
+   </script>
  </body>
```

変更できたら、保存してください。この状態ですと、プログラムで読み込もうとしている **app.riot** が存在しないため、previewに何も表示されなくなります。

では、**app.riot** ファイルを作成していきます。

画面左の「Project」ディレクトリで右クリックし、表示されるメニューから「Create file」を選択します。

●Plunkerでの新規ファイルの作成

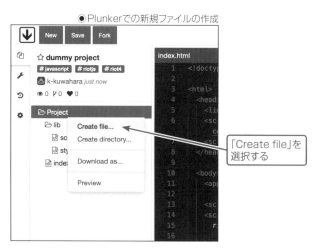

入力ボックスに「app.riot」と入力し、右下の「OK」ボタンをクリックしてください。

●「app.riot」ファイルの作成

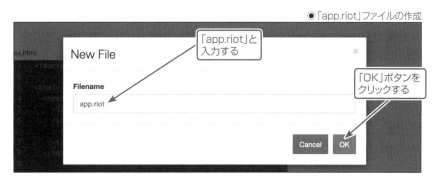

　ここまでで読み込まれる **app.riot** ファイルの作成が完了したので、このファイルに次の内容を追記して保存してください。こちらも中身の説明は後述します。

SAMPLE CODE app.riot

```
<app>
  <div class="app-header">
    <img src="https://riot.js.org/img/logo/riot-logo.svg" alt="Riot.js logo" class="logo">
  </div>
  <h1>{ props.title }</h1>
</app>
```

　さらに少しデザインを調整したいと思います。 **lib/style.css** に次の内容を追記し、保存してください。

SAMPLE CODE style.css

```
app .app-header {
  padding: 10px;
  margin-bottom: 20px;
  border-bottom: 2px solid #999;
}
app .logo {
  height: 36px;
  margin-bottom: 5px;
}
```

　画面右の「Preview」欄に次のように表示されていれば成功です!

●実行結果の表示

```
┌─────────────────────────────┐
│  ᒪ RIOT                      │
│  ─────────────────────────   │
│                              │
│  Hello Riot.js!              │
│                              │
│                              │
│                              │
└─────────────────────────────┘
```

　最後に、`app.riot` のままだとシンタックスハイライトが効かず、ソースコードが一律で黒色になってしまい、少し見にくいのでこれを改善する方法をお伝えします。　`app.riot` の項目を右クリックし、表示されるメニューから「Rename」を選択します。モーダルが表示されるので `app.riot` ファイルの名前を `app.riot.html` または `app.html` に変更し、「OK」ボタンをクリックしてください。そして、読み込んでいる `index.html` で指定する名前を修正します。

SAMPLE CODE index.html

```
- <script src="app.riot" type="riot"></script>
+ <script src="app.riot.html" type="riot"></script>
```

または

```
+ <script src="app.html" type="riot"></script>
```

　Riot.jsは、読み込むコンポーネントファイルを指定する際に、`type="riot"` 属性があればこれはRiot.js用のファイルだなと認識してくれるので、拡張子は `.html` でも問題ありません。また、`.riot.html` としたのは、Riot.jsコンポーネントであることを明示するためにですが、これは好みの問題なので `.riot` は付けなくても大丈夫です。

　ここまで変更すると、次のようにソースコードに色が付くので、お試しください。なお、これも好みの問題ですが、筆者は `.riot` のまま進めさせていただきます。

●シンタックスハイライト

　これでRiot.jsのインブラウザ・コンパイルでの開発環境の構築は完了です。ここで作成した環境をベースにこの後の章でも説明していくので、URLをどこかに保存しておくとよいでしょう。筆者のテンプレートのURLも念のために記載しておきます。

URL https://next.plnkr.co/edit/FjjIQCfeVmvavHWV

　今後、新規に開発する際は、このテンプレートをそのまま触るのではなく、**フォーク(fork)ボタンをクリックして新しくテンプレートをコピーする**ことを強くおすすめします。具体的には、画面上部にある「Fork」ボタンをクリックするだけで自動でコピーが生成され、もとのテンプレートには何も影響しません。

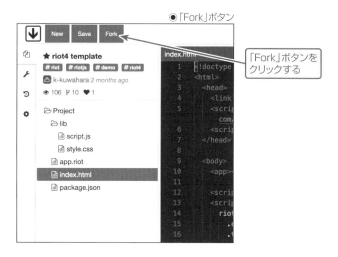

◉「Fork」ボタン

「Fork」ボタンを
クリックする

02

Riot.jsの基礎

■ ライブデモ

Riot.jsの公式サイトにTODOアプリのライブデモのページも用意されており、アカウント作らなくても簡単にRiot.jsを試すことができます。

● Plunker - Todo App

URL https://riot.js.org/examples/plunker/?app=todo-app

その他にも実際にRiot.jsを使って作られたアプリケーションのデモが、手前味噌ですが、筆者のGitHubリポジトリ（https://github.com/kkeeth/riot-examples ）や公式のGitHubリポジトリ（https://github.com/riot/examples ）上にて公開されています。Plunker上のソースコードへのリンクもあるので、今後、もしRiot.jsを利用して開発するとなったときは、参考になると思いますので、適宜、参照してみてください。

■ デバッグの仕方

プログラミングをする上でデバッグ作業は必須ですが、Webフロントエンドの開発ではどのように行うかについて触れておきます。

各ブラウザには開発者用の機能（**開発者ツール**といいます）が用意されており、その中で最も使うものが**コンソール**です。実際に見てみましょう。画面上で右クリックし、表示されるメニューから次の項目をクリックすると開発者ツールが開きます。

● Google Chrome → 検証

● Firefox → 要素を調査

● Safari → 要素の詳細を表示

上記の代わりに **F12** キーを押しても構いません。

◉Google Chromeで右クリックメニューを表示

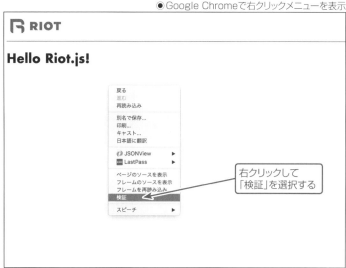

開いた開発者ツールの中から「Console」タブをクリックすると、コンソールが開きます。

◉コンソールの表示

　あとは、ソースコードの中から `console.log("test")` などと記載するとコンソール上に表示されます。また、コンソールに直接、JavaScriptのソースコードを打ち込んで実行することもできます。コンソールが増えてきたらクリアすることもできます。ブラウザごとにボタンのUIが異なりますが、Google Chromeでは画面上の 🚫 をクリックするとクリアできます。

　基本的にこのコンソールにデータを出力させて、その値が正しいかどうかを確認しながらデバッグをしていく形になるので、コンソールの操作方法を覚えましょう。

マウント

ここから本格的にRiot.jsの書き方に入門していきます！ まず最初に先ほど用意したテンプレートアプリケーションの説明から始めるので、先ほどのコードを再掲します。

■■■「Hello Riot.js」の解説

まずは `index.html` の書き方を見ていきましょう。

SAMPLE CODE index.html

```html
<body>
  <!-- ① -->
  <app></app>

  <!-- ② -->
  <script src="app.riot" type="riot"></script>
  <script>
    // ③
    riot
      .compile()
      .then(() => {
        riot.mount('app', {
          title: 'Hello Riot.js!'
        })
      })
  </script>
</body>
```

1つひとつ説明していきます。

①の部分で **app** という見慣れないHTMLタグが登場しますが、これを**カスタムコンポーネント**といい、私達が作るオリジナルのコンポーネントを配置する場所を指定しています。今は空のタグですが、後ほどここにコンポーネントの中身が展開されます。なお、**<body>** タグ内のカスタムコンポーネントの指定には自己終了（ **<app />** という書き方）はサポートされていないので注意してください。

②の部分ではこれから私達が作るオリジナルのコンポーネントを読み込んでいます。 **type="riot"** は必須で、これを記述することでRiot.jsに「これはオリジナルの Riot.js 用コンポーネントだよ」と知らせることになります。

③の部分でコンパイルと**マウント**を一度に行っています。「マウント」とはカスタムコンポーネントに中身を展開することを意味します。 **riot** というインスタンスの中にはいくつかのメソッドが定義されており、この例では **compile** と **mount** の2つを利用しています。

compile メソッドは文字通りコンパイルを行い、`.riot` ファイルの中身を解析、ブラウザが解釈できる `.js` ファイルに変換します。このとき、内部ではRiot.jsに **app** というコンポーネントを使うよと教えており、Riot.jsは **<app></app>** というタグに **app.riot** を展開すればよいのかと理解することができます。少々難しいかもしれませんが、compile メソッドは Promise オブジェクトを返するので、then メソッドで返された値を用いてマウントを実行しています（ここは Promise を知らなければいったん無視してこう書くのだと覚えていただくだけでも大丈夫です）。

なお、次のように compile メソッドの処理を省略し、mount メソッドのみ書くと、エラーになります。もし、version3からお使いの方は注意してください。

```
riot.mount('app', {
  title: 'Hello Riot.js!'
})

// Error: The component named "app" was never registered
```

mount メソッドはカスタムコンポーネントに中身を展開する処理を行います。その中身が②で読み込んだ **app.riot** になります。展開する際に **app.riot** に **title: 'Hello Riot.js!'** というプロパティを渡しています。プロパティは2番目の引数として指定することに注意してください。このプロパティはオプショナルなので、渡さなくても問題ありません。詳しくは後述します。

次にカスタムコンポーネント本体の **app.riot** を見ていきます。

SAMPLE CODE app.riot

```
<app>
  <h1>{ props.title }</h1>
</app>
```

ここでのポイントは、mount メソッドで渡されたパラメータを **props** という引数で受け取ることです。実際に **props** の中身を見てみると、次のようになります。

```
Object {title: "Hello Riot.js!"}
```

シンプルなJavaScriptのオブジェクトとして受け取ることになるので、mount メソッドで渡せるパラメータはオブジェクトであれば何でも（もちろん関数も）渡すことが可能であることがわかります。

ⅢⅠ 細かなマウントの特徴

Riot.jsには次の特徴があります。

- <app></app>の値は<App></App>と大文字で書いてもRiot.jsが小文字に変換して解釈する
- ファイル名を「App.riot」と書いても同様にRiot.jsは小文字で解釈する
- mountメソッドで複数のコンポーネントを指定することも可能
- プロパティは配置用のタグ（ここでは<app></app>）で指定することも可能
- 標準のHTML要素にもマウント可能

▶ コンポーネントのタグ名は、大文字で書いても小文字に変換して解釈される

下記のように、独自に作成したコンポーネントのタグ名 **<app>**、**</app>** は、**<App>**、**</App>** のように一部のみ大文字にしてもRiot.jsは小文字に変換して解釈するので、どちらで指定してもかまいません。

```
- <app>
+ <App>
    <h1>{ props.title }</h1>
- </app>
+ </App>
```

▶ ファイル名が大文字でもよい

ファイル名はタグ名と異なり、厳密に小文字・大文字を区別されますが、大文字も使用可能です。一部だけ大文字でも同様です。

```
<script src="App.riot" type="riot"></script>
<script src="APP.riot" type="riot"></script>
```

▶ mountメソッドで複数のコンポーネントを指定することも可能

アプリケーション全体の設計次第でもありますが、複数のコンポーネントをまとめて同時にマウントすることができます。

SAMPLE CODE index.html

```
  <body>
    <app></app>
+   <sub></sub>

    <script src="app.riot" type="riot"></script>
+   <script src="sub.riot" type="riot"></script>
    <script>
      riot.
        .compile()
        .then(() => {
-         riot.mount('app', {
+         riot.mount('app, sub', {
```

▼

```
-            title: 'Hello Riot.js!'
+            messageToApp: 'Hello App component!!',
+            messageToSub: 'Hello Sub component!!'
         })
       })
    </script>
  </body>
```

SAMPLE CODE sub.riot

```
<sub>
  <h2>{ props.messageToSub }</h2>
</sub>
```

SAMPLE CODE app.riot

```
  <app>
    <div class="app-header">
      <img src="https://riot.js.org/img/logo/riot-logo.svg" alt="Riot.js logo" class="logo">
    </div>
-   <h1>{ props.title }</h1>
+   <h1>{ props.messageToApp }</h1>
```

上記を実行すると次のように表示されます。

●複数のコンポーネントをマウント

Hello App component!!

Hello Sub component!!

▶ プロパティは配置用のタグに指定することも可能

マウントされるコンポーネントに値を何かしらの値を渡したいとき、**mount** メソッドの第2引数に渡していましたが、HTMLに直接指定することもできます。

SAMPLE CODE index.html

```
<body>
-  <app></app>
+  <app title="Hello Riot.js!"></app>

    <script src="app.riot" type="riot"></script>
    <script>
      riot
        .compile()
        .then(() => {
-         riot.mount('app', {
-           title: 'Hello Riot.js!'
-         })
+         riot.mount('app')
        })
    </script>
</body>
```

▶ 標準のHTML要素にもマウント可能

マウントはカスタムコンポーネントだけでなく、標準のHTML要素にも可能です。 **is** 属性を追加することで、ページのbody内でriotコンポーネントとして使用できます。

SAMPLE CODE index.html

```
<body>
-  <app></app>
+  <div is="app"></div>

    <script src="app.riot" type="riot"></script>
    <script>
      riot
        .compile()
        .then(() => {
-         riot.mount('app', {
+         riot.mount('[is="app"]', {
            title: 'Hello Riot.js!'
          })
        })
    </script>
</body>
```

この場合は、マウントされるタグが riot コンポーネントではないため、単に riot.mount ('app') では動作しません。また、<div is="app" /> のように自己終了の記法も可能です。より詳しくは公式のドキュメントをご参照ください。

- コンポーネントとしてのHTML要素

  URL https://riot.js.org/ja/documentation/#コンポーネントとしての-html-要素

これら以外で、バンドラを使った場合のマウントに関する特徴もありますが、そちらについてはCHAPTER 04で説明しています。気になる方は149ページを参照してください。

■ ライフサイクルコールバック

Riot.jsのカスタムコンポーネントには、特定のタイミングごとに発火する**コールバック関数**が用意されています。百聞は一見に如かずですので、まずはコールバック関数の一覧を見てみましょう。

SAMPLE CODE app.riot

```
<app>

  ...

  <script>
    export default {
      onBeforeMount(props, state) {
        // コンポーネントのマウント前
      },
      onMounted(props, state) {
        // コンポーネントがページにマウントされた直後
      },
      onBeforeUpdate(props, state) {
        // 更新前にコンテキストデータの再計算が許可されている
      },
      onUpdated(props, state) {
        // update が呼び出され、コンポーネントのテンプレートが更新された直後
      },
      onBeforeUnmount(props, state) {
        // コンポーネントが削除される前
      },
      onUnmounted(props, state) {
        // ページからコンポーネントが削除されたとき
      }
    }
  </script>
</app>
```

このように、任意のタイミングでさせたい処理がある場合、上記のいずれかのコールバック関数の中に記述します。たとえばマウント前に何らかのAPIをコールしデータを取得、そのデータを用いてDOMを生成させたい場合は、**onBeforeMount** コールバック関数内に処理を書くのがよいでしょう。また、画面上の何らかの操作をしてデータを書き換えたことを検知したい場合は、**onUpdated** を用いるとよいでしょう。

さらに、上記を見て気付いた方もいらっしゃると思いますが、すべてのコールバック関数は引数に **props** と **state** を持ちます。この **state** については次項で説明します。また、riotコンポーネントのライフサイクルに関する説明は公式サイトに書かれているので、合わせて参照してください。

- ● Riotコンポーネントのライフサイクル

  `URL` https://riot.js.org/ja/documentation/#riot-コンポーネントのライフサイクル

▌▌▌ 状態(State)

では次に、たびたび登場している **state** について説明します。このプロパティは、そのコンポーネント内で値（慣習的にこれを「状態」と呼びます）を保持するためのものになります。なぜ、このプロパティが用意されているかというと、**propsはfreezeされており、変更することができない**ためです。実際に確認してみましょう。

SAMPLE CODE app.riot

```
<app>
  <div class="app-header">
    <img src="https://riot.js.org/img/logo/riot-logo.svg" alt="Riot.js logo" class="logo">
  </div>
  <h1>{ props.title }</h1>

  <script>
    export default {
      onBeforeMount(props, state) {
-       // any processing
+       props.title = 'updated!!'
+       console.log(props)  // -> 'Hello Riot.js!' のまま
      }
    }
  </script>
</app>
```

追記できたらアプリを起動し、ブラウザのコンソールを表示してください。そこに **props** の中身が表示されていると思います。マウント前(**onBeforeMount**)に **props** の中身を書き換えてマウントしていますが、その中身は次の通りです。

●コンソールでの「props」の表示

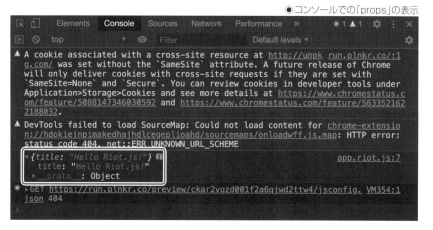

上図を見るとわかるように、title の中身は 'Hello Riot.js!' のままとなります。これをカスタムコンポーネント内で値を保持したい場合は、state を使います。

SAMPLE CODE

```
  <app>
    <div class="app-header">
      <img src="https://riot.js.org/img/logo/riot-logo.svg" alt="Riot.js logo" class="logo">
    </div>
-   <h1>{ props.title }</h1>
+   <h2>{ props.title }</h2>
+   <h2>{ state.title }</h2>

    <script>
      export default {
        onBeforeMount(props, state) {
-         props.title = 'updated!!'
+         state.title = props.title
+         console.log(state.title)
+
+         state.title = 'Updated!!'
+         console.log(state.title)
+       }
+     }
    </script>
  </app>
```

今回は **onBeforeMount** で3回に分けて値を確認しています。

1 渡された「props.title」を「state.title」に格納

2 「state.title」を「Updated!!」という文字列で上書き

3 「onsole.log」だけでなく<h2>タグで表示

これを実行すると、次のように表示されます。

●stateで値を保持して更新

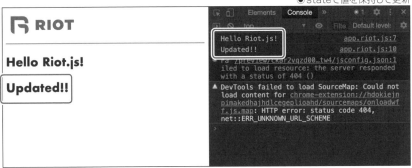

無事に値が保持され、かつ更新もできました。このことから、HTMLファイルや、親コンポーネントからプロパティで値を渡された際は、**props** ですぐに使わないのであれば **state** に格納しておくのがよいでしょう。

また、この **state** は40ページで紹介した各メソッドだけでなく、独自に定義したメソッド内でもアクセスすることができます。ただし、独自に定義したメソッド内では **this.state** でアクセスすることになるので、注意してください。

DOMへのアクセス

DOM要素にアクセスするには、ブラウザに標準的（全ブラウザの最新で対応済み）に実装されている **document.querySelector** や、世界中で長年使われているライブラリjQuery（https://jquery.com/）などを利用することが多いと思います。Riot.jsにはそれらの代わりとなるヘルパーメソッドとして、**this.$** と **this.$$** の2つが用意されています。

「突然、登場したけど **this** って何?」と思われるかもしれませんが、これは少し難しく説明が長くなるので、本書では割愛させていただきます。カスタムコンポーネント内で使われる **this** については、そのカスタムコンポーネント本体（コンポーネント自身）を指すものと思ってください。たとえば、上記の2つのメソッドは、**this** が **app** コンポーネントを指しており、**app** コンポーネントの **$** 、**$$** という2つのメソッドを参照していることになります。使えばわかると思いますので、このまま進めてみてください!

これらの違いは、次のようになります。

● this.$: 単体の要素へのアクセス
● this.$$: 複数の要素へのアクセス

違いはこれのみで、さほど差はありません。では、実際にこれを使ってDOMにアクセスしてみましょう。先ほどの **app.riot** を次のように変更し、実行してみてください。

SAMPLE CODE app.riot

```
  <app>
    <div class="app-header">
      <img src="https://riot.js.org/img/logo/riot-logo.svg" alt="Riot.js logo" class="logo">
    </div>
+   <h1>{ props.title }</h1>
    <h2>{ props.title }</h2>
    <h2>{ state.title }</h2>

    <script>
      export default {
        onBeforeMount(props, state) {
-         state.title = props.title
-         console.log(state.title)
-
          state.title = 'Updated!!'
-         console.log(state.title)
-       }
+       },
+       onMounted() {
+         console.log(this.$('h1'))
+         console.log(this.$$('h2'))
+       }
      }
    </script>
  </app>
```

変更が完了したら、画面右下の **Console** をクリックしてみましょう。すると、次のようにそれぞれ **h1** 、**h2** タグが取得できていると思います。

●「$」「$$」メソッドで取得したデータの表示

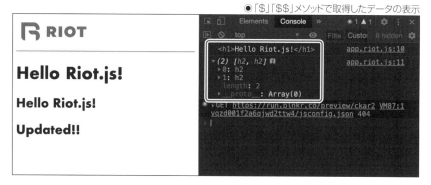

これらのメソッドを使用する際に注意したいことは、**onBeforeMount()** メソッドや **on BeforeUpdate()** メソッドを使う際には、**レンダリングされる前や更新前のDOM**を取得する目的であることを確認してください。レンダリング後や更新後のDOMにアクセスする場合は **onMounted()** 、**onUpdated()** を使いましょう。

式、条件

他のフレームワーク・ライブラリでも同様ですが、Riot.jsではHTML中にJavaScriptの**式**や**条件**を展開することができるので、その方法を見ていきましょう。

■式

Riot.jsではHTMLに中括弧 **{}** を書くと、その中にJavaScriptの式（テンプレート変数ともいいます）を書くことができます。百聞は一見に如かずですので、まずは例を見ていきましょう。Plunkerのテンプレートをforkして、**app.riot** に次の内容を追記してください。

SAMPLE CODE app.riot

```
  <app>
    <div class="app-header">
      <img src="https://riot.js.org/img/logo/riot-logo.svg" alt="Riot.js logo" class="logo">
    </div>
-   <h1>{ props.title }</h1>
+   <ul>
|     <li>ランダム関数 :{ Math.random() }</li>
+     <li>未定義チェック :{ value || 'Undefined' }</li>
+     <li>関数の実行 : (コンソールを開いて確認してください)
+       { (() => console.log('Hello Riot.js!'))() }
+     </li>
+     <li>三項演算子{ props.title.length > 140 ? 'Message is too long!' : 'GooD😊' }</li>
+   </ul>
  </app>
```

上記のように、中括弧の中は完全にJavaScriptの式が動作します。

簡単なJavaScriptの式であればこの機能を使うと **<script>** タグを記述しなくてよいので楽ですが、式を多用するとHTMLが汚れていくHTMLとロジックが混在し複雑度が増す）ので注意が必要です。もし式が複雑になってくるようでしたら、素直に **export default** に含めてしまうのも1つの手です。下記はその例です。

SAMPLE CODE app.riot

```
  <app>
    <div class="app-header">
      <img src="https://riot.js.org/img/logo/riot-logo.svg" alt="Riot.js logo" class="logo">
    </div>
    <ul>
      <li>ランダム関数 :{ Math.random() }</li>
      <li>未定義チェック :{ value || 'Undefined' }</li>
-     <li>関数の実行 : (コンソールを開いて確認してください)
-       { (() => console.log('Hello Riot.js!'))() }
-     </li>
```

```
+       <li>関数の実行：（コンソールを開いて確認してください）</li>
-       <li>三項演算子{ props.title.length > 140 ? 'Message is too long!' : 'GooD👍' }</li>
+       <li>三項演算子{ title }</li>
      </ul>
+     <script>
+       export default {
+         onBeforeMount(props) {
+           (() => console.log('Hello Riot.js!'))()
+           this.title = props.title.length > 140
+                           ? 'Message is too long!'
+                           : 'GooD👍'
+         }
+       }
+     </script>
    </app>
```

これでHTMLがスッキリしましたね。

||| 条件

この式を使うと、条件によってHTMLの表示/非表示の切り替えも簡単に実装できます。

SAMPLE CODE app.riot

```
    <app>
      <div class="app-header">
        <img src="https://riot.js.org/img/logo/riot-logo.svg" alt="Riot.js logo" class="logo">
      </div>
      <ul>
        <li>ランダム関数：{ Math.random() }</li>
        <li>未定義チェック：{ value || 'Undefined' }</li>
        <li>関数の実行：（コンソールを開いて確認してください）</li>
        <li>三項演算子：{ title }</li>
      </ul>
+     <hr>
+     <button onclick={ toggle }>click</button>
+     <p if={ login }>Logged In</p>
+     <p if={ !login }>Log Out</p>
+
      <script>
        export default {
+         login: false,
          onBeforeMount(props) {
            (() => console.log('Hello Riot.js!'))()
            this.title = props.title.length > 140
                           ? 'Message is too long!'
                           : 'GooD👍'
-         }
+         },
```

```
+       toggle() {
+           this.login = !this.login
+           // ①
+           this.update()
+       }
+   }
    </script>
  </app>
```

変更したら、**click** ボタンをクリックしてみてください。クリックするたびに下の文言がトグルで切り替わると思います。

①の **this.update()** というメソッドは必須なので注意してください。試しにこの1行をコメントアウトするか削除して、再度アプリケーションを動かしてみてください。おそらく画面上の文言が変化しないかと思います。これは、**riotは何かしらの処理やstateの値が変更されても、画面には自動で反映されない**からです。したがって、riotの場合は **update()** を明示的に実行する必要があります。

HTML中の **<p>** タグの **if** 属性のことをifディレクティブといいます。これにより条件式を設定することができ、式の値によってその要素がマウント/アンマウントされることで、表示/非表示が切り替わります。**if** ディレクティブがあるなら **else** ディレクティブもあってほしいですが、残念ながら執筆時点でのriotには実装されていないので、ロジックで工夫する形となります。

場合によっては **if** ディレクティブが使いたいだけのために、ラッパー用のHTMLタグを1つ余分に追加しないといけないと考えることがあるかもしれませんが、その必要はありません。**<template>** というタグがriotには用意されており、このタグはマウント時には削除されます。下記の例を見てみましょう。

SAMPLE CODE app.riot

```
<app>
  <div class="app-header">
    <img src="https://riot.js.org/img/logo/riot-logo.svg" alt="Riot.js logo" class="logo">
  </div>
  <div if={ isReady }>
    <h1>{ props.title }</h1>
  </div>
  <p if={ !isReady }>loading...</p>

  <script>
    export default {
      isReady: true
    }
  </script>
</app>
```

上記の例では、**props.title** を表示するためには **isReady** というパラメータが **true** である必要があります。

しかし、この **\<div\>** タグは条件を付けるためだけに追加されたものです（本来は **\<h1\>** に直接、書けばよいですが、あくまでtemplateのサンプルのため）。これをマウントすると無駄な **\<div\>** タグが挟まってしまいます。

●無駄な\<div\>タグ

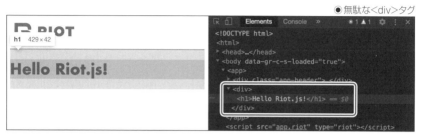

これを次のように **\<tempalte\>** で置き換えると、実際のHTMLでは **\<div\>** タグはマウントされません。

SAMPLE CODE app.riot

```
  <app>
    <div class="app-header">
      <img src="https://riot.js.org/img/logo/riot-logo.svg" alt="Riot.js logo" class="logo">
    </div>
-   <div if={ isReady }>
+   <template if={ isReady }>
      <h1>{ props.title }</h1>
-   </div>
+   </template>
    <p if={!isReady}>loading...</p>

    <script>
      export default {
        isReady: true
      }
    </script>
  </app>
```

●無駄な\<div\>タグの削除

次節でも **\<template\>** タグのより実践的な使い方を説明するので、今は紹介だけにとどめておきます。これで式の説明は終了です。

ループ

　Webアプリケーションを作っているとほぼ必ずといっていいほど出てくるのがリスト（ `<li>` タグ）です。これを手で1つひとつ作るのはとても面倒ですが、現代の各種JavaScriptフレームワークにはこれを簡単に作れるような機能が用意されていることが多く、Riot.jsにももちろん実装されております。この章では繰り返し処理（以下、**ループ**と呼びます）を見ていきます。

■■ ループ

　Riot.jsにおけるループ処理は **each** というディレクティブを使うことで実装できます。Plunkerのテンプレートをforkし、**app.riot** を下記のように変更して実行してください。

SAMPLE CODE app.riot

```
  <app>
    <div class="app-header">
      <img src="https://riot.js.org/img/logo/riot-logo.svg" alt="Riot.js logo" class="logo">
    </div>
-   <h1>{ props.title }</h1>
+   <ul>
+     <li each={ item in frameworks }>{ item }</li>
+   </ul>
+
+   <script>
+     export default {
+       frameworks: [
+         "Riot.js",
+         "React.js",
+         "Angular",
+         "Vue.js",
+         "Ionic"
+       ],
+     }
+   </script>
  </app>
```

　すると、次のようにJavaScriptフレームワークの名前のリストが表示されたかと思います。プログラムを見ていただくとわかるように、**frameworks** という配列の各値を繰り返し順番に参照し、**item** という変数で受け取って表示するように設定しています。

● ループデモ

ここで一点、注意していただきたいのは、`<li each={ item in frameworks }>{ item }</li>` のところで name という値を設定するとエラーとなり、Uncaught TypeError: Cannot assign to read only property 'name' of object '#<Object>' というエラーメッセージがコンソールに表示されます。これはRiot.js内部で name というプロパティ（ややこしいですね）が予約されており、この名前をループ時の変数として設定することはできません、ということを意味しています。注意してください。

▌▌ さまざまなループ

先ほどはシンプルな文字列の配列を見てみましたが、これ以外にループで回せるものがあるので見ていきましょう。

SAMPLE CODE app.riot

```
  <app>
    <div class="app-header">
      <img src="https://riot.js.org/img/logo/riot-logo.svg" alt="Riot.js logo" class="logo">
    </div>
    <ul>
      <!-- ① -->
-     <li each={ item in frameworks }>{ item }</li>
+     <li each={ (item, index) in items }>{ index } : { item }</li>
    </ul>
+   <hr>
+   <ul>
      <!-- ② -->
+     <li each={ item in miscellaneou }>{ item }</li>
+   </ul>
+   <hr>
+   <ul>
      <!-- ③ -->
+     <li each={ item in smartPhone }>OS: { item.os } - Hardware: { item.hardware }</li>
+   </ul>
```

▼

```
+    <hr>
+    <ul>
        <!-- ④ -->
+      <li each={ letter in letters }>{ letter }</li>
+    </ul>

     <script>
       export default {
         frameworks: [
           "Riot.js",
           "React.js",
           "Angular",
           "Vue.js",
           "Ionic"
-        ]
+        ],
+        miscellaneou: [
+          12345,
+          "Hello Riot.js",
+          Math.random(),
+          true
+        ],
+        smartPhone: [
+          { os: 'iOS', hardware: 'iPhone X' },
+          { os: 'Android', hardware: 'Pixel 4' },
+          { os: 'Windows 10 Mobile', hardware: 'Windows Phone' }
+        ],
+        letters: 'hello'
       }
     </script>
 </app>
```

今度は、次の4パターンのデモを用意しました。

● シンプルな配列へのインデックスの追加

● 形式がバラバラな値の配列(それぞれ、数値、文字列、関数の実行結果、真偽値)

● オブジェクトの配列

● シンプルな文字列

これを実行してみると、次のように表示されます。

●さまざまなループデモ

Preview   ⊖ ⊕ ✖

‹ › ⟳ /   ⤢ ⧉

RIOT

- 0 : Riot.js
- 1 : React.js
- 2 : Angular
- 3 : Vue.js
- 4 : Ionic

- 12345
- Hello Riot.js
- 0.15903314329823992
- true

- OS: iOS – Hardware: iPhone X
- OS: Android – Hardware: Pixel 4
- OS: Windows 10 Mobile – Hardware: Windows Phone

- h
- e
- l
- l
- o

少し解説します。

①では「JavaScriptの配列は内部でどの値が何番目?」であるかの値(インデックスといいます)を保持しています。したがって、そのインデックスを取得することも可能です。Riot.jsでは `each={ (item, index) in frameworks }` のように () でくくり、その2番目の変数にインデックスがアサインされます。もちろんインデックスはJavaScriptの仕様通り **0** から始まります。

②は①の最初の例と同様で、たとえ形式が揃っていても揃っていなくても同じように **each** ディレクティブで値を取得・表示することができます。この例では表示していませんが、インデックスも保持しています。

③では、オブジェクト配列の場合、各値をキーで指定することはできずいったん1つの変数にアサインされ、表示するときに式を利用して `{ item.os }` のように表示することが可能です。

④は、文字列の場合は言葉の通り「文字の配列」なので、1文字ずつ表示される形となります。

Riot.jsの **each** ディレクティブは、内部的にはJavaScript本来の **Array.from** メソッドを利用しています。これは、プリミティブな値のみを含む文字列、マップ、セットもループできることを意味しています。

▌▌▌式と組み合わせる

each ディレクティブと式を組み合わせると、より実践的なことが実現できます。下記のURLにある公式サイトのTODOアプリのデモがわかりやすいので見てみましょう。

URL https://riot.js.org/examples/plunker/?app=todo-app

下記は **todo.riot** の一部を抜粋しています。

SAMPLE CODE todo.riot

```
<todo>
  <ul>
    <li each={ item in state.items }>
      <!-- ※ -->
      <label class={ item.done ? 'completed' : null }>
        <input
          type="checkbox"
          checked={ item.done }
          onclick={ () => toggle(item) } />
        { item.title }
      </label>
    </li>
  </ul>

  <!-- 中略 -->

  <script>
    export default {
      onBeforeMount(props, state) {
        /**
         * props の中身はこちら
         *
           items: [
             { title: 'Avoid excessive caffeine', done: true },
             { title: 'Hidden item',  hidden: true },
             { title: 'Be less provocative'  },
             { title: 'Be nice to people' }
           ]
         */
        this.state = {
          items: props.items,
          text: ''
        }
```

▼

```
      }
    // 省略
    }
  </script>
</todo>
```

　これを実行するとこのように表示されます。スタイリングについても省略していますが、デモではスタイリングされたものとなります。

●TODOアプリのデモ

I want to behave!

☑ ~~Avoid excessive caffeine~~

☐ Hidden item

☐ Be less provocative

☐ Be nice to people

```
[                    ]  ( Add #5 )
```

　「※」の部分が今回の対象のコードとなりますが、`<label class={ item.done ? 'completed' : null }>` とあるように each ディレクティブで item という変数名で配列内の各オブジェクトを受け取っています。そして item オブジェクトを用いて label タグ内で三項演算子を用いてCSS用の class を設定しています。 item.done が true であれば、`<label class="completed">` となり、false であれば `<label>` となります。

　この使い方はWebアプリケーションを開発する上で良く使うので、ぜひ、覚えておきましょう。下記も参考にしてください。

URL https://riot.js.org/ja/documentation/#todo-の例

███ オブジェクトでのループ

これまでの例では、基本的に配列か文字列のループを見てきました。しかし、実際のアプリケーションではオブジェクト（例： `{key: 'value'}` ）でループを回したいケースもあると思いますので見ていきましょう。Riot.jsの **each** を用いてオブジェクトをループさせたい場合は、一度、JavaScriptの **Object** オブジェクトの組み込み関数（あらかじめ用意されている関数）を用いて実現していきます。

SAMPLE CODE

```
  <app>
    <div class="app-header">
      <img src="https://riot.js.org/img/logo/riot-logo.svg" alt="Riot.js logo" class="logo">
    </div>
-   <h1>{ props.title }</h1>
+   <p each={ item in Object.entries(frameworks) }>
      <!-- ※ -->
+     key: { item[0] } - value: { item[1] }
+   </p>
+
+   <script>
+     export default {
+       frameworks: {
+         0: "Riot.js",
+         1: "React.js",
+         2: "Angular",
+         3: "Vue.js",
+         4: "Ionic"
+       }
+     }
+   </script>
  </app>
```

1つ目の例はプレーンなオブジェクトです。キーには単なるナンバリングが割り当てられています。こちらを実行すると次のように表示されていると思います。

● プレーンオブジェクトのループ

```
Preview                                              Q  Q  ✕

 ‹   ›   ↻   /                                         ✕  ▭

  ⬡ RIOT
  ──────────────────────────────────────────────────────

  key: 0 - value: Riot.js

  key: 1 - value: React.js

  key: 2 - value: Angular

  key: 3 - value: Vue.js

  key: 4 - value: Ionic
```

　このように、配列ではなくオブジェクトをループさせて値を表示する場合は、JavaScript の Object オブジェクトの関数を用いることで可能となります。ちなみに前ページの「※」の部分を単に {item} とすると、次のようにキーとバリューをカンマで区切って1行に表示してくれます。

```
0,Riot.js
1,React.js
2,Angular
3,Vue.js
4,Ionic
```

　このようにキーとバリューをカンマで区切って1行に表示してくれます。

　ここで Object.entries 関数について確認したいと思います。

　Webブラウザ「Firefox」で有名なMozilla社が運営する、Web技術の仕様についてまとめたサイト「MDN」(https://developer.mozilla.org/) の Object.entries (https://developer. mozilla.org/ja/docs/Web/JavaScript/Reference/Global_Objects/Object/entries)の項目を見ると、「Object.entries() メソッドは、引数に与えたオブジェクトが所有する、列挙可能なプロパティの組 [key, value] からなる配列を返します。」とあるように、この関数は配列を返します。

　したがって上記の frameworks の値は、each でループする際も配列に変換されていますが、どのように変換されているかに注意する必要があります。パッと見は次のように変換されると予想できます。

```
frameworks: [
  { 0: "Riot.js" },
  { 1: "React.js" },
  { 2: "Angular" },
  { 3: "Vue.js" },
  { 4: "Ionic" }
]
```

しかし、これは間違いで、実際はこのように変換されます。

```
frameworks: [
  [ "0", "Riot.js" ],
  [ "1", "React.js" ],
  [ "2", "Angular" ],
  [ "3", "Vue.js" ],
  [ "4", "Ionic" ]
]
```

論より証拠で、each でループ処理している中で {console.log(item)} を記述し、コンソールを見ると確認できます。

●変換後のframeworksの各項目

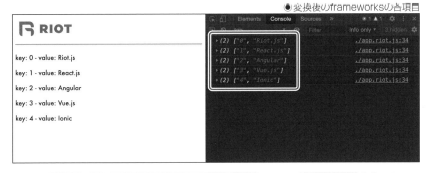

なお、Object.prototype.toString.call() メソッドや instance 演算子を用いて上記をもっと細かく厳密な確認もできるので、もし興味がある方は調べてみてください。

次の例は、キーにも意味があるオブジェクトです。app.riot を次のように変更し、実行してみてください（ちなみに、筆者の好きなポケモントップ5です）。

SAMPLE CODE app.riot

```
<app>
  <div class="app-header">
    <img src="https://riot.js.org/img/logo/riot-logo.svg" alt="Riot.js logo" class="logo">
  </div>
  <!-- キーの名前を表示 -->
  <p each={ item in Object.entries(frameworks) }>
    key: { item[0] } - value: { item[1] }
  </p>
```

57

```
+    <h3>ポケモン No</h3>
+    <p each={ pokemon in Object.keys(pokemons) }>
+      - { pokemon }
+    </p>
+

     <!-- バリューの値を表示 -->
+    <h3>ポケモン名</h3>
+    <p each={ pokemon in Object.values(pokemons) }>
+      - { pokemon }
+    </p>

     <script>
       export default {
-        frameworks: {
-          0: "Riot.js",
-          1: "React.js",
-          2: "Angular",
-          3: "Vue.js",
-          4: "Ionic"
-        }
+        pokemons: {
+          208: "ハガネール",
+          249: "ルギア",
+          150: "ミュウツー",
+          214: "ヘラクロス",
+          143: "カビゴン"
+        }
+      }
     </script>
   </app>
```

　少し冗長な書き方になりますが、これを実行すると、次のようにキーのみの表示とバリューの
みの表示の2パターンで表示されます。

● オブジェクトのキーとバリューそれぞれの表示

Preview   Q Q ✕

‹ › ⟳ /   ⤢ ▢

▛ RIOT

ポケモン No

- 143

- 150

- 208

- 214

- 249

ポケモン名

- カビゴン

- ミュウツー

- ハガネール

- ラクロス

- ルギア

　今回は Object.keys() メソッドと Object.values() メソッドという2つを用いて別々
に表示しましたが、すでに利用した Object.entries() メソッドの方が実際の開発では
使用されることになると思います。

III <template>でのループ

前節でも少し触れた **<template>** タグですが、**if** ディレクティブだけでなく **each** ディレクティブも利用することができます。デザインによっては **<li>** タグを用いないタグにてリストを作ったり、別のコンポーネントをループで回してレンダリングしたい、などのケースもあると思いますが、そういうときに **<div>** タグを用いると余計なラッパーのタグが増えてしまいます。こんなときにも効果を発揮するのが **<template>** タグになります。

app.riot を次のように変更し、実行してみてください。

SAMPLE CODE app.riot

```
  <app>
    <div class="app-header">
      <img src="https://riot.js.org/img/logo/riot-logo.svg" alt="Riot.js logo" class="logo">
    </div>
-   <h1>{ props.title }</h1>
+   <dl>
+     <template each={pokemon in pokemons}>
+       <dt>{pokemon.no}</dt>
+       <dd>{pokemon.value}</dd>
+     </template>
+   </dl>

+   <script>
+     export default {
+       pokemons: [
+         {no: 208, value: "ハガネール"},
+         {no: 249, value: "ルギア"},
+         {no: 150, value: "ミュウツー"},
+         {no: 214, value: "ヘラクロス"},
+         {no: 143, value: "カビゴン"}
+       ]
+     }
+   </script>
+
      <!-- ここは表示をわかりやすくするためなので、なくても良い -->
+   <style>
+     dd {
+       margin-left: 0;
+       margin-bottom: 20px;
+     }
+   </style>
  </app>
```

今回はオーソドックスにオブジェクトの配列を **each** でループさせました。これを実行すると次ページのように表示されます。 **<style>** タグを省略した方は、ポケモンの名前の部分にインデックスが付与されていると思います。

●<template>タグでのループ

また、ブラウザの開発者ツールを開き、「Elements」タブから実際にレンダリングされた HTMLを見てみましょう。

●ラッパータグが付与されていない

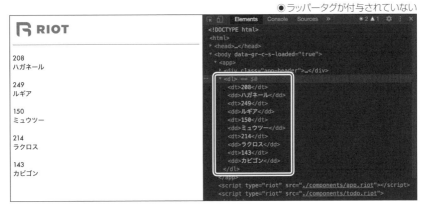

ここまでは、前節で紹介したものと同じですが、**each** ディレクティブと **if** ディレクティブを組み合わせると、APIから取得したデータを**条件でフィルタリングして表示する**こともできます。

SAMPLE CODE app.riot

```
<app>
  <div class="app-header">
    <img src="https://riot.js.org/img/logo/riot-logo.svg" alt="Riot.js logo" class="logo">
  </div>
  <dl>
    <template each={pokemon in pokemons}>
+     <template if={pokemon.box === 'in'}>
-     <dt>{pokemon.no}</dt>
-     <dd>{pokemon.value}</dd>
+       <dt>{pokemon.no}</dt>
+       <dd>{pokemon.value}</dd>
+     </template>
    </template>
  </dl>

  <script>
    export default {
      pokemons: [
-       {no: 208, value: "ハガネール"},
-       {no: 249, value: "ルギア"},
-       {no: 150, value: "ミュウツー"},
-       {no: 214, value: "ヘラクロス"},
-       {no: 143, value: "カビゴン"}
+       {no: 208, value: "ハガネール", box: 'in'},
+       {no: 249, value: "ルギア", box: 'in'},
+       {no: 150, value: "ミュウツー", box: 'out'},
+       {no: 214, value: "ヘラクロス", box: 'out'},
+       {no: 143, value: "カビゴン", box: 'in'}
      ]
    }
  </script>

  <style>
    dd {
      margin-left: 0;
      margin-bottom: 20px;
    }
  </style>
</app>
```

今回はデータに **box**（ポケモンをボックスに入れたかどうかを判定するフラグ）を追加し、**in** のものを表示されるように変更しました。これを実行した結果は次のようになります。

● データのフィルタリング

```
components/app.riot                                    </> ✎ ✕
 1  <app>
 2    <div class="app-header">
 3      <img src="https://riot.js.org/img/logo/riot-logo.svg"
           alt="riot logo" class="logo">
 4    </div>
 5    <dl>
 6      <template each={pokemon in pokemons}>
 7        <template if={pokemon.box === 'in'}>
 8          <dt>{pokemon.key}</dt>
 9          <dd>{pokemon.value}</dd>
10        </template>
11      </template>
12    </dl>
13    <script>
14      export default {
15        pokemons: [
16          {key: 208, value: "ハガネール", box: 'in'},
17          {key: 249, value: "ルギア", box: 'in'},
18          {key: 150, value: "ミュウツー", box: 'out'},
19          {key: 214, value: "ヘラクロス", box: 'out'},
20          {key: 143, value: "カビゴン", box: 'in'}
21        ]
22      }
23    </script>
```

Preview

RIOT

208
ハガネール

249
ルギア

143
カビゴン

　ちゃんと **ミュウツー** 、**カビゴン** の2つが表示されなくなりましたね。また、今回の例を見て気付いた方もいるかもしれませんが、**<template>タグはネストすることができる**、かつ**HTMLには表示されない**という特徴があります。

　このように、**<template>** タグにてループさせれば、不要なラッパータグがなくなることがわかるので、**each** ディレクティブを使う際は、積極的に **<template>** タグを利用していきましょう。

▌▌▌キー属性

　このセクションの最後に、**キー属性**について触れておきたいと思います。 **each** でループされたタグに **key** という属性を付けることができますが、これによりコレクションが不変の場合、ループのパフォーマンスが大幅に向上します。下記はその例です。

```
<!-- index を利用 -->
<p each={ (item, index) in items } key={ index }>
  { item }
</p>


<!-- ランダムで生成(オススメはしない) -->
<p each={ item in items } key={ item.id() }>
  { item.value }
</p>


<script>
  export default {
    items: [
      { value: 'hoge', id() { return random()} },
      { value: 'fuga', id() { return random()} },
      { value: 'piyo', id() { return random()} }
    ]
  }
</script>
```

コンポーネントのネスト

　開発をしていく中で、一定のスコープ範囲をコンポーネントにまとめていくと思いますが、その中でコンポーネントを入れ子（ネストともいいます）構造にするケースも出てくることでしょう。コンポーネントの粒度とスコープ、責務をどこまで持たすのかが、開発者の腕の見せどころの1つでもあります。その基礎となるコンポーネントのネストについて見ていきたいと思います。

Ⅲ Riot.jsでのコンポーネントのネストの基本

　まずは簡単なアコーディオンメニューを作成しつつコンポーネントをネストさせていきたいと思います。まずは前節で作成したPlunkerのテンプレートをforkし、**app.riot** と **style.css** に次の内容を追記してください。

SAMPLE CODE app.riot

```
  <app>
    <div class="app-header">
      <img src="https://riot.js.org/img/logo/riot-logo.svg" alt="Riot.js logo" class="logo">
    </div>
-   <h1>{ props.title }</h1>
+   <h1>Language-Frameworks</h1>

+   <input id="acd-menu1" class="acd-check" type="checkbox">
+   <label class="acd-label" for="acd-menu1">JavaScript</label>
+   <div class="acd-content">
+    <ul>
+     <li each={item in javascript}>{ item }</li>
+    </ul>
+   </div>
+
+   <input id="acd-menu2" class="acd-check" type="checkbox">
+   <label class="acd-label" for="acd-menu2">Node.js</label>
+   <div class="acd-content">
+    <ul>
+     <li each={item in nodejs}>{ item }</li>
+    </ul>
+   </div>
+   <p>Click each menus</p>

    <script>
      export default {
        onBeforeMount(props, state) {
-         // any processing
+         this.javascript = ['Riot.js', 'React.js', 'Vue.js', 'Angular', 'Ionic']
+         this.nodejs = ['Express', 'Koa', 'Fastify', 'Sails', 'Hapi']
```

```
        }
      }
    </script>
  <app>
```

SAMPLE CODE style.css

```
+ .acd-check {
+   display: none;
+ }
+ .acd-label {
+   background: #777;
+   color: #fff;
+   display: block;
+   margin-bottom: 1px;
+   padding: 10px;
+ }
+ .acd-content {
+   display: flex;
+   align-items: center;
+   height: 0;
+   opacity: 0;
+   padding: 0 10px;
+   transition: .5s;
+   visibility: hidden;
+ }
+ .acd-check:checked + .acd-label + .acd-content {
+   display: flex;
+   align-items: center;
+   height: 100%;
+   opacity: 1;
+   padding: 10px;
+   visibility: visible;
+ }
```

　ここまで追記できたら変更を保存し、アプリを実行してみてください。2つのアコーディオンメニューが表示されていると思いますので、それぞれをクリックしてメニューを開いたり閉じたりしてください。

●アコーディオンメニュー（ネスト前）

Language - Frameworks

Click: JavaScript

- Riot.js
- React.js
- Vue.js
- Angular
- Ionic

Click: Node.js

- Express
- Koa
- Fastify
- Sails
- Hapi

Click each menus

これはこれでいいですが、コードが長くなってしまったのと、開いたときのメニューはそれ単体で動作したり、スタイリングができたりしたほうがよいので、これを子コンポーネント(acd-menu.riot)として切り出してみましょう。

まずは、components ディレクトリに acd-menu.riot というファイルを作成し、次のように app.riot から転記してください。

SAMPLE CODE app.riot

```
- <input id="acd-menu1" class="acd-check" type="checkbox">
- <label class="acd-label" for="acd-menu1">JavaScript</label>
- <div class="acd-content">
-   <ul>
-     <li each={item in javascript}>{ item }</li>
-   </ul>
- </div>
    <!-- ① -->
+ <acd-menu name="JavaScript" items={javascript} />
- <input id="acd-menu2" class="acd-check" type="checkbox">
- <label class="acd-label" for="acd-menu2">Node.js</label>
- <div class="acd-content">
-   <ul>
-     <li each={item in nodejs}>{ item }</li>
-   </ul>
- </div>
+ <acd-menu name="Node.js" items={nodejs} />
```

SAMPLE CODE acd-menu.riot

```
<acd-menu>
  <!-- ② -->
  <input id=`acd-check-${props.name}` class="acd-check" type="checkbox">
  <label class="acd-label" for=`acd-check-${props.name}`>Click: { props.name }</label>
  <div class="acd-content">
    <ul>
      <li each={item in props.items}>{ item }</li>
    </ul>
  </div>
</acd-menu>
```

　①では、子コンポーネントに値や関数を渡したい場合は、カスタムタグの属性に任意の名前をキーに設定することで実現します。今回は、**name** というキーと **items** というキーになります。これらは、設定された子コンポーネントの **props** で受け取れます。

　②では、**<input>** タグの **id** 属性や、**<label>** タグの **for** 属性には一意な値が設定されていないと動作しないため、今回は **-${props.name}** 代用しています。

　これでかなり **app.riot** もスッキリしましたし、**acd-menu.riot** というコンポーネントにすることで同じコードを2回も書いていた冗長なコードが1つの記述で良くなりました。しかし、新しくファイルを作成しましたが、まだアプリ内には読み込まれてはいないため、設定する必要があります。

SAMPLE CODE index.html

```
  <body>
    <app></app>

    <script src="app.riot" type="riot"></script>
+   <script src="components/acd-menu.riot" type="riot"></script>
    <script>
      riot
        .compile()
        .then(() => {
          // ③
          riot.mount('app', {
            title: 'Hello Riot.js!'
          })
        })
    </script>
  </body>
```

③では、前節で複数のコンポーネントを同時にマウントできることは説明しましたが、子コンポーネントに関しては mount メソッドに記載せずとも自動でマウントされます。また、子コンポーネントは前節で説明した is 属性を用いれば、標準のHTMLにも、もちろんマウントすることも可能です。

ここまで変更できたら保存し、アプリを再起動してみてください。最初と同じように動作しているはずです。このように、コンポーネントのネストは、親コンポーネント内に子コンポーネントを乗せるだけで簡単に実装できることがわかったかと思います！　以上がコンポーネントの基礎となります。

▌▌実践的なコンポーネントのネスト

基礎が学べましたので、もう少し実践的なアプリケーションも作ってみましょう。今回は次のようなものを作っていきます。今後、本格的にWebアプリケーションを開発するためにも、簡易的ですが、全体の画面構成を考えていきたいと思います。

● チュートリアルアプリ

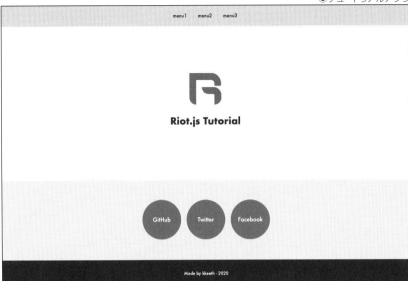

それでは実装に入っていくので先はどと同様に、Plunkerのテンプレートをforkし、**app. riot** と **style.css** に下記の内容を追記してください。

SAMPLE CODE app.riot

```
- <div class="app-header">
-   <img src="https://riot.js.org/img/logo/riot-logo.svg" alt="Riot.js logo" class="logo">
- </div>
- <h1>{ props.title }</h1>
  <!-- ④ -->
+ <app-menu />
+ <app-hero />
+ <app-links />
+ <app-footer />
  <script>
    export default {
-     onBeforeMount(props, state) {
-       // any processing
-     },
    }
  </script>
```

SAMPLE CODE style.css

```css
body {
  margin: 0;
  text-align: center;
  /* ⑤ */
  font-family: Josefin-sans, Consolas, monospace;
}
```

④で本アプリケーションの全体構成を行っています。各コンポーネントの用途は次の通りです。

コンポーネント	用途
app-menu	ヘッダー部分に配置するメニュー用のコンポーネント。より包括的に「app-header」としてヘッダー用のコンポーネントとしてもよい
app-hero	いわゆるヒーロー画像や動画を配置するコンポーネント。今回はRiot.js公式サイトを踏襲し、ロゴ画像を配置している
app-links	各SNSへのリンクを配置するためのコンポーネント。ここはメインのコンテンツを配置するので、「app-contents」としてもよい
app-footer	フッターを配置するコンポーネント。Copyrightsや、各画面へのリンクやメニューなどを配置することになる

このように、ルートコンポーネント（今回は `app.riot` ）はあくまで全体の構成のみを司り、ロジックもアプリ全体にまたがるようなもののみに絞るような設計が望ましいです。具体的な機能については、各子コンポーネントでスコープを切り、実装していくようにしてもらえればと思います。

⑤でフォントを指定していますが、皆さんのお好きなものをお使いください。筆者は「Josefin Sans」フォントと「Futura」フォントが好みで本書でもよく使っています。

次に、④で設置した各コンポーネントを作っていきます。 components ディレクトリに、**app-menu.riot** 、**app-hero.riot** 、**app-links.riot** 、**app-footer.riot** を新規に作成してください。これら1つひとつを実装していきますが、まずは作成したコンポーネントファイルを読み込みます。

SAMPLE CODE index.html

```html
    <app></app>

    <!-- ⑥ -->
    <script src="app.riot" type="riot"></script>
+   <script src="components/app-footer.riot" type="riot"></script>
+   <script src="components/app-hero.riot" type="riot"></script>
+   <script src="components/app-links.riot" type="riot"></script>
+   <script src="components/app-menu.riot" type="riot"></script>
    <script>
      riot
        .compile()
        .then(() => {
          riot.mount('app', {
-           title: 'Hello Riot.js!'
```

▼

```
+            heroTitle: 'Riot.js Tutorial'
       })
     })
   </script>
```

⑥で各コンポーネントファイルを読み込みます。

では次に、各コンポーネントの実装に入ります。まずは **app-menu.riot** を開き、次の内容を追記してください。

SAMPLE CODE app-menu.riot

```
<app-menu>
  <ul>
    <li each={ item in props.items }>
      <a href={ item.url }>{ item.title }</a>
    </li>
  </ul>
</app-menu>
```

props でメニューの項目リストを **items** という名前で受け取り、**each** ディレクティブを用いてリンクを作成しています。また、今回は渡される項目のリストを **url** と **title** を含んだオブジェクトの配列という構成にしています。では、この項目を渡すように **app.riot** で **props** を設定しましょう。

SAMPLE CODE app.riot

```
- <app-menu />
+ <app-menu items={ menus } />

  <script>
    export default {
+     menus: [
+       { title: 'menu1', url: '#' },
+       { title: 'menu2', url: '#' },
+       { title: 'menu3', url: '#' }
+     ],
    }
  </script>
```

ここまで変更して保存すると、ヘッダー部分にメニューが表示されます。しかし、このままだと見栄えが悪くメニューとしては使えないのでスタイリングを調整していきましょう。

SAMPLE CODE app-menu.riot

```
  </ul>
+ <style>
    /* ⑦ */
+   :host {
+     display: block;
```

```
+      background: #D0DFE6;
+    }
+    ul {
+      list-style: none;
+      padding: 0;
+      margin: 0;
+    }
+    li {
+      display: inline-block;
+      line-height: 2;
+    }
+    a {
+      color: #032030;
+      display: block;
+      padding: 1.2em;
+      text-decoration: none;
+    }
+    a:hover {
+      background: #eee;
+    }
+  </style>
```

⑦の :host についてはCHAPTER 05で詳しく述べますが、この指定はいわゆるScoped CSSと呼ばれるもので、このコンポーネントに限定した全体の設定になります。その他のスタイリングの細かい説明は割愛させていただきます。

以上できちんとヘッダーのメニューとしての見た目になりました。では次にヒーロー画像のコンポーネントである **app-hero.riot** を開き、次の内容を追記してください。

SAMPLE CODE app-hero.riot

```
<app-hero>
  <!-- ⑧ -->
  <img src="https://riot.js.org/img/logo/riot-logo.svg" alt="logo">
  <h1>{ props.title }</h1>

  <style>
    :host {
      display: block;
      padding: 10em 0;
    }
    h1 {
      color: #032030;
    }
  </style>
</app-hero>
```

⑧のロゴ画像は下記に記載したURLにある公式サイトのリポジトリからダウンロードすることもできるので、もしローカルで開発されている場合はダウンロードし、**app.riot** と同じ階層に **assets** というディレクトリを作成し、その中に格納してください。なお、このロゴは日本人のWebデザイナーである@nibushibuさん（https://twitter.com/nibushibu）が作成されました!

URL https://github.com/riot/riot.github.io/blob/master/img/logo/
riot-logo.svg

今回はスタイリングも含めて一度に追記しました。上記のロゴ画像も同じコンポーネント内に置いても問題なく動作しますが、慣習的にfaviconなどのアプリケーションの画像やフォントなどは **assets** という名前のディレクトリを作成し、格納することが多いので、今回もそれに従っています。

app-menu コンポーネントと同様に、**app-hero** でも **props** として **title** というキーで値が渡される想定ですので、設定していきましょう。

SAMPLE CODE app.riot

```
- <app-hero />
+ <app-hero title={ props.heroTitle } />
```

今回はアプリケーションそのもののマウント時にヒーロー用のタイトルが渡されていますので、そのまま **props** で **app-hero** コンポーネントに渡しています。以上で、**app-hero** コンポーネントも完成しました。

続いて **app-links** コンポーネントです。

SAMPLE CODE app-links.riot

```
<app-links>
  <div each={ item in props.items }>
    <a href={ item.url } target="_blank" rel="noopener noreferrer">{ item.title }</a>
  </div>

  <style>
    :host {
      display: block;
      padding: 3.5em 0;
      background: #EFEFEF;
    }
  </style>
</app-links>
```

なお、余談ですが、**target="_blank"** を付けて別タブでリンク先にアクセスさせたい場合は、セキュリティの観点からなるべく **rel="noopener noreferrer"** を付けましょう。下記の記事がとても参考になります。

URL https://mathiasbynens.github.io/rel-noopener/

　コンポーネントの実装はできましたが、まだ **app** コンポーネントから **props** で各リンクのタイトルとURLが取得できていないので渡してあげましょう。

SAMPLE CODE app.riot

```
- <app-links />
+ <app-links items={ urls } />

  <script>
    export default {
      menus: [
        { title: 'menu1', url: '#' },
        { title: 'menu2', url: '#' },
        { title: 'menu3', url: '#' }
-     ]
+     ],
+     urls: [
+       { title: 'GitHub',   url: 'https://github.com/k-kuwahara' },
+       { title: 'Twitter',  url: 'https://twitter.com/kuwahara_jsri' },
+       { title: 'Facebook', url: 'https://www.facebook.com/kiyohito.kuwahara' }
+     ]
    }
  </script>
```

　これで、一応のリンク一覧が作成できましたが、見た目が良くないので、1つひとつのリンクを丸いボタンのようなスタイルに変更したいと思います。ですが、ここでそのまま実装するのではなく、このリンク1つひとつをさらに1つのコンポーネントに切り出せば、コンポーネントでスタイリングのスコープが切れるので、**<style>** の中が煩雑にならなくて済みます。また、今後リンクにアニメーションを実装するときなども書きやすくなるので、今回は **ring** というコンポーネント名で切り出したいと思います。

　では components ディレクトリ内に **ring.riot** ファイルを作成し、**index.html** から読み込みます。

SAMPLE CODE index.html

```
  <script src="components/app-links.riot" type="riot"></script>
  <script src="components/app-menu.riot" type="riot"></script>
+ <script src="components/ring.riot" type="riot"></script>
```

　設定できたら、**ring** コンポーネントの中身を実装していきます。ファイルを開き、次の内容を追記してください。スタイリングも合わせて設定してしまいます。

SAMPLE CODE ring.riot

```
<ring>
  <a href={ props.url } target="_blank" rel="noopener noreferrer">{ props.title }</a>

  <style>
    :host {
      display: inline-grid;
      font-size: 120%;
      height: 7em;
      line-height: 7em;
      margin: .5em;
      position: relative;
      width: 7em;
    }
    a {
      background: #1794A5;
      border-radius: 50%;
      color: white;
      display: block;
      height: 100%;
      text-decoration: none;
    }
    a:hover {
      opacity: .8;
    }
  </style>
</ring>
```

　作成して追記ができたら、それぞれのリンクが丸いボタンのようなものにスタイルされるようになるはずですが、現時点ではまだ確認ができません。というのも、まだ **ring** コンポーネントがマウントされていないからです。これを修正しましょう。

SAMPLE CODE app-links.riot

```
- <div each={ item in props.items }>
-   <a href={ item.url } target="_blank" rel="noopener noreferrer">{ item.title }</a>
- </div>
+ <ring each={ item in props.items } title={ item.title } url={ item.url } />
```

　以上で各リンクが表示されていることが確認できると思います。マウスオーバーで少しボタンの色を薄くしてわかりやすくしたりしていますが、ここは皆さんの好みでいろいろと調整して遊んでみてください。

　では最後にフッターの **app-footer** コンポーネントを実装していきます。

SAMPLE CODE app-footer.riot

```
<app-footer>
  <p>{ props.text } - { year }</p>

  <script>
    export default {
      // ⑨
      year: (new Date()).getFullYear()
    }
  </script>

  <style>
    :host { display: block }
    p {
      font-size: 90%;
      margin: 0;
      padding: 2.5em 2rem;
      color: #FFF;
      background: #032030;
    }
  </style>
</app-footer>
```

⑨では、フッターのコピーライトの年などはなるべく動的に変更されるのが望ましいので、本アプリでもユーザーがアクセスした日付から年を取得しセットしています。

　フッターの実装は実は奥が深く、これだけでも1章分を書こうと思えば書けてしまいますが、本章はあくまでコンポーネントのネストについての章になりますので割愛させていただきます。詳しく知りたい方は、いろいろと調べていただければと思います。具体的に位置の固定の仕方や何を載せるか、見せ方などが当てはまります。

　さて、最後にコンポーネントに渡す文言を **props** でセットして本アプリケーションの開発を終わりにしたいと思います。フッターのテキストは、ほぼ固定のテキストになると思うので、できればルートコンポーネントよりも、アプリ全体の設定専用の **config** ファイルを作成し、そこに集約したいですが、今回は簡易的にマウント時に **props** で渡してしまいたいと思います。

SAMPLE CODE index.html

```
    <script>
      riot
        .compile()
        .then(() => {
          riot.mount('app', {
-           heroTitle: 'Riot.js Tutorial'
+           heroTitle: 'Riot.js Tutorial',
+           footerText: 'Made by kkeeth'
          })
        })
    </script>
```

SAMPLE CODE app.riot

```
- <app-footer />
+ <app-footer text={ props.footerText } />
```

　これでアプリケーションの完成です。ここまで変更できたら保存し、アプリケーションを再起動してみてください。簡単なアプリケーションですが、より実践できなコーディング体験ができたのではないかと思います。また、コンポーネントのネストや切り出すことの良さも合わせてご理解いただけたら幸いです。

　以上で本設は終了ですが、実は1つだけ説明しなかったRiot.jsの機能があります。それはslotというものになります。こちらもコンポーネントのネストで使われる機能で、簡単に説明すると**親コンポーネントでセットする子コンポーネントが動的に変化することを可能にする**というものです。必要になった際にまた説明したいと思いますので、今回は触れないこととします。詳しくは公式サイトをご参照ください。

　URL https://riot.js.org/ja/documentation/#スロット

SECTION-010

イベントハンドラ

click 、double click 、mouseover 、scroll など、ユーザーがブラウザ上で何か操作したとき(これをDOMイベントまたは単にイベントと呼びます)に実行される関数のことをイベントハンドラといいます。HTML上では onclick="/*ここに関数名*/" などのようにセットされているものを見たことがある方も多いのではないでしょうか。Webではイベントハンドラを設定する際は、頭に on を付けた属性を記述する仕様となっています。イベントハンドラについてより詳しく知りたい方は、MDNを御覧ください。

- イベントハンドラ一覧

  URL https://developer.mozilla.org/ja/docs/Web/API/WindowEventHandlers

▥ Riot.jsでのイベントハンドラ

Riot.jsでのイベントハンドラの設定は、Web標準と同様に on- 属性をHTMLに記述すればよいです。簡単な click イベントハンドラの例を見てみましょう。Plunkerのテンプレートをforkして、**app.riot** を次のように変更し、実行してください。

SAMPLE CODE app.riot

```
  <app>
    <div class="app-header">
      <img src="https://riot.js.org/img/logo/riot-logo.svg" alt="Riot.js logo" class="logo">
    </div>
    <h1>{ props.title }</h1>
+   <button onclick={ changeColor }>changeColor</button>
+
    <script>
      export default {
      onBeforeMount(props, state) {
        // any processing
-     }
+     },
+     random(number) {
+       return Math.floor(Math.random() * (number+1))
+     },
+     changeColor(e) {
        // ①
+       const rndCol = `rgb(${this.random(255)}, ${this.random(255)}, ${this.random(255)})`
+       document.body.style.backgroundColor = rndCol
+     }
+   }
+   </script>
  </app>
```

これを実行すると changeColor というボタンが表示されるのでクリックしてみてください。ランダムで背景の色が変わります。色は毎回、計算され直されるので、クリックするたびに毎回、違う色が設定されます。

①の changeColor() メソッドについてもう少し詳しく見ていきます。これは自作したメソッドとなりますが、まず引数として、発火したイベントのオブジェクトが渡されます。このオブジェクトはWeb標準の **MouseEvent** オブジェクトというものになります（詳しくはMDNを参照してください）。また、すべてのイベントハンドラは自動でバインドされ、**this** は現在のコンポーネントのインスタンスを参照します。なお、**this** についても詳しく解説するとそれだけで1章分を書くことができそうなボリュームになるので、今回は割愛させていただきます。今は、**changeColor** などのイベントハンドラがセットされたHTMLタグ（今回は **<button>** タグ）のことだと思っていただければよいでしょう。

URL https://developer.mozilla.org/ja/docs/Web/API/MouseEvent

ここで注意したいのが、イベントハンドラをセットする書き方を次のように書くと、動作しません。

SAMPLE CODE app.riot

```
-    <button onclick={ changeColor }>changeColor</button>
+    <button onclick={ changeColor(this) }>changeColor</button>
```

Riot.jsの仕様として、イベントハンドラを括弧 () 付きで記述するとレンダリング時に評価・実行され、かつブラウザが監視するイベントとして登録（**イベントリスナー**といったりします）されないからです。今回のイベントは **click** イベントですが、実際に上記のように () を付けて動かしてみると、初期レンダリングのときにすでに背景色が白色から変化し、ボタンが動作しなくなります。

■ 子コンポーネントから親コンポーネントのイベントハンドラを実行する

前節で説明した通り、コンポーネントは親子関係を持つことができますが、アプリケーションによっては、親コンポーネントで定義しているイベントハンドラや関数を子コンポーネントから実行したいときもあると思います。

こういうケースではどのように対応すればよいでしょうか？　我々はすでに学んでいますね。そう、**props** を介して関数を渡してあげればよいです。実際に試してみましょう。

SAMPLE CODE app.riot

```
     <app>
       <div class="app-header">
         <img src="https://riot.js.org/img/logo/riot-logo.svg" alt="Riot.js logo" class="logo">
       </div>
       <h1>{ props.title }</h1>

+      <div class="buttons">
+        <ul>
```

```
      <!-- ② -->
+     <li>Button A: <child me="John" alertMe={ handleClick } /></li>
+     <li>Button B: <child me="Nancy" alertMe={ handleClick } /></li>
+   </ul>
+ </div>

  <script>
    export default {
-     onBeforeMount(props, state) {
-       // any processing
-     }
+     handleClick(name) {
+       alert(`Hi, I'm ${name}!!`)
+     }
    }
  </script>

+ <style>
+   ul {
+     padding-left: 20px;
+   }
+   li {
+     list-style: none;
+   }
+   li:last-child {
+     margin-top: 20px;
+   }
+ </style>
</app>
```

②で子コンポーネントとして **child** コンポーネントを配置しています。 **props** にはそれぞれの要素の固有の名前を意味する **me** と、クリックイベントのハンドラである **handleClick** をセットし渡しています。

では次に、上記で新たに登場した **child** コンポーネントを作っていきます。**components** ディレクトリに **child.riot** ファイルを作成し、次の内容を追記してください。

`SAMPLE CODE` child.riot

```
<child>
  <button type="button" onclick={ handleClick }>click me!!</button>

  <script>
    export default {
      handleClick() {
        this.props.alertMe(this.props.me)
      }
    }
```

```
    </script>
</child>
```

最後に作成した **child** コンポーネントを読み込みます。

SAMPLE CODE

```
  <app></app>

  <script type="riot" src="./app.riot"></script>
+ <script type="riot" src="./components/child.riot"></script>
```

ここで書けたら保存し、アプリを再起動します。再起動が終わったら、それぞれのボタンをク
リックしてみてください。次の画像のように、それぞれのボタン固有の名前がアラートで表示さ
れると思います。

◉親子間のイベントハンドラの実行

このように、子コンポーネントから親コンポーネントのイベントハンドラを実行したい場合は、
props で実行したいイベントハンドラを子コンポーネントに渡し、子コンポーネントでイベントハ
ンドラを実行すればよいことがわかりました。

では逆に、親コンポーネントから子コンポーネントのイベントハンドラを実行したい場合はどう
すればよいでしょうか？　いくつかやり方はあると思いますが、今回は他のフレームワークでも同
じような機能が実装されている **observable** を使ってみます。

Ⅲ observableを利用し異なるコンポーネント間でイベントを発火

　Riot.js の周辺ライブラリとして @riotjs/observable （以下、observable ）とい
う便利なものがあります。

URL https://github.com/riot/observable/

　これはイベントの送信/受信をつかさどり、異なるコンポーネント間かつ任意のタイミングで処
理を行うことができるようになるライブラリです。もともとRiot.jsのversion3まではコア機能として
バンドルされていましたが、version4で別ライブラリとして切り出されました。その理由としては、
アプリケーションによってはどの設計手法を使うかを自由に選択できることが望ましく、必要なと
きに必要なものを利用するようにする、という根本的な思想があり、version4から一モジュール
として分けられた形です。

　それでは observable の使い方について触れていきます。Plunkerのテンプレートをfork
して、observable ライブラリを読み込みます。

SAMPLE CODE

```
  <script src="https://unpkg.com/riot@4/riot+compiler.min.js"></script>
+ <script src="https://unpkg.com/@riotjs/observable@4.0.4/dist/observable.js"></script>
```

　記述して保存できたら observable ライブラリのメソッドが使えるようになります。イベントを
監視する実体として observable のインスタンスオブジェクトを作る必要があります。そのイン
スタンスには、大きく、trigger(イベントの送信) と on(イベントの受信) という2つ
の機能が備わっています。関係値を図にするとこのようになります。

●observableのイメージ図

このように、コンポーネント間で直接やり取りをするのではなく、一度、オブザーバブルインスタンスを介してやり取りを行う形となります。というのも、親→子は **props** 経由で何でも渡せましたが、子→親へのアクセス手段がなく、片方向にしかやり取りができなかったからです。さらに2つについては次のような違いがあります。

- observable.on('hoge', callback)：「hoge」イベントを受信し、渡された「args」とともに「callback」を実行する
- observable.trigger('hoge', args)：「hoge」イベントを送信し、その際に「args」を渡す

基本的にはこの2つの機能をセットで使っていくことになります。見るとおわかりいただけたかと思いますが、**observable** を使うと、いわゆるブラウザ上のイベント(**click** や **submit**)ではない独自のイベントを発行することができます。百聞は一見に如かず、ということで具体的にソースコードを見ていきましょう。下記の例は先ほどの例と似ていますが、少し構成が変わっています。

components ディレクトリに **button-a.riot** 、**button-b.riot** ファイルを作成してください。そして作成したファイルを読み込みます。

SAMPLE CODE index.html

```
 <script type="riot" src="./app.riot"> </script>
+ <script type="riot" src="./components/button-a.riot"></script>
+ <script type="riot" src="./components/button-b.riot"></script>
```

次に、それぞれのコンポーネントを配置していくので、**app.riot** に次の内容を追記してください。

SAMPLE CODE app.riot

```
  <h1>{ props.title }</h1>

+ <ul>
+   <!-- ③ -->
+   <li class="John">
+     Button John: <button-a observable={obs} />
+   </li>
+   <li class="Nancy">
+     Button Nancy: <button-b observable={obs} />
+   </li>
+ </ul>
+
  <script>
    export default {
      onBeforeMount(props, state) {
-       // any processing
        // ④
+       this.obs = observable(this)
```

```
+        this.obs.on('*', (name, val) => {
+          this.$(`li.${val}`).style.color = "#ED1846";
+          setTimeout(() => {
+            this.$(`li.${val}`).style.color = "black";
+          }, 500);
+        })
       }
     }
   </script>

+ <style>
+   ul {
+     padding-left: 20px;
+   }
+   li {
+     list-style: none;
+   }
+   li:last-child {
+     margin-top: 20px;
+   }
+ </style>
```

③では、先ほど作成したコンポーネントを配置しています。 `props` として `observable` のインスタンス `obs` を、`observable` という名前で渡しています。

④で `observable` のインスタンスを生成しています。紛らわしいですが、インスタンスを生成するには `observable()` というメソッドを実行します。引数として `observable` のイベント監視の機能を追加したいオブジェクトをセットするか、引数を与えなければ `observable` のインスタンスを新規に作成しています。これを `app` コンポーネントに `obs` という変数を用意し、セットしています。

また、任意のイベントを検知し渡されたパラメータ（今回は **John** か **Nancy** が渡され、**val** という引数で受け取っています）をもとに、ボタンのラベルを取得し文言の色をRiot.jsのテーマカラーに変更しています。その500ミリ秒後に文言の色を元の黒色に戻しています。ちなみに、**name** という引数には、発火したイベント名が渡されます。

以上で `app` コンポーネントの設定が完了したので、イベントを送信/受信する `button-a`, `b` コンポーネントを実装していきます。 `button-a.riot` 、`button-b.riot` を開き、次の内容を追記してください。

SAMPLE CODE button-a.riot

```
<button-a>
  <button type="button" onclick={ handleClick }>click me!!</button>

  <script>
    export default {
```

```
    onBeforeMount(props) {
      // ⑤
      props.observable.on('click nancy', (name) => {
        alert(`Hi ${name}!!`)
      })
    },
    // ⑥
    handleClick() {
      this.props.observable.trigger('click john', 'Nancy')
    }
  }
</script>
</button-a>
```

SAMPLE CODE button-b.riot

```
<button-b>
  <button type="button" onclick={ handleClick }>click me!!</button>

  <script>
    export default {
      onBeforeMount(props) {
        // ⑦
        props.observable.on('click john', (name) => {
          alert(`Hi ${name}!!`)
        })
      },
      // ⑧
      handleClick() {
        this.props.observable.trigger('click nancy', 'John')
      }
    }
  </script>
</button-b>
```

　⑤と⑦では、**app** コンポーネントから **props** 経由で渡された **observable** のインスタンス
を用いて、イベントを受け取る処理を記述しています。 **button-a** コンポーネントでは **click
john** というイベントの受信を、**button-b** コンポーネントでは **click　nancy** というイベントを
受信するように設定し、それぞれのコールバック関数の中では引数で受け取った変数 **name** の
値をアラートで表示しています。

⑥と⑧では、onclickイベントのハンドラ **handleClick** を作成し、その中でそれぞれのボタンのイベントを発火しています。 **button-a** コンポーネントでは **click john** というイベントを発火して **Nancy** という値を渡し、**button-b** コンポーネントでは **click nancy** というイベントを発火して **John** という値を引数として渡しています。それぞれのイベントを⑤、⑦で各コンポーネントで受信しています。ちなみに、**on** で設定しているイベントの受信の名前を **trigger** で設定している名前と同じにすると、同じコンポーネントでも受信して処理が走ってしまうので注意が必要です。

　ここまで記載できたら保存し、アプリケーションを再起動が完了したらJohnのボタン（ **button-a** コンポーネント）をクリックしてみてください。「Hi Nancy!!」というアラートが表示されますが、これは **button-b** コンポーネントが実行しています。さらにアラートを閉じると、親である **app** コンポーネントが任意のイベントを検知し、テキストの色を500ミリ秒間だけ変更しています。Nancyのボタンも同様に動作すると思います。

●コンポーネント間でイベント通信

　このように、**observable** を用いればコンポーネント間でのやり取りが可能となります。もちろんこれは親子コンポーネント間でも同様です。親から子供へのやり取りであれば使う必要もないですが、逆のやり取りを行う際は **observable** を使うようにしてみてください。なお、version3以前のRiot.jsでも今回と同様に、コンポーネント間とやり取りをする場合は **observable** を使っていました。

　今回の例では **observable** の2つの機能のみを用いましたが、これら以外にも **observable** にはいくつかの機能があります。何度イベントが発火されようと一度しか実行されない **observable.one** や、イベントの監視をやめる **observable.off** など、いくつかの機能が用意されているので、もし興味があれば、下記のURLからドキュメントを参照してください。

● Observable API

URL https://github.com/riot/observable/tree/master/doc

Riot.jsの誕生から今まで～コラム①

多少、CHAPTER 01の内容と重複してしまいますが、お付き合いください。

現代の三大JavaScriptフレームワークといわれるくらい世界中で使われているものが、次の3つです

- React(https://reactjs.org/)
- Vue.js(https://vuejs.org/)
- Angular(https://angular.io/)

その中でもRiot.jsはReactと比較されることが特に多かったです。理由はCHAPTER 01でも軽く述べたように、昔のRiot.jsの公式サイトのTOPページに大きく「A REACT- LIKE, 3.5KB USER INTERFACE LIBRARY」と書かれていたからです。

version1のころはまだRiot.jsはReactを意識して作られてはおらず、最初のコンセプトとしては「複雑度が増し混沌とするJavaScriptフレームワークの流れに対する**暴動(riot)**」という意味で、Riot.jsという名前のシンプルかつ軽量なフレームワーク、否ライブラリを作りたかったというのが始まりです。

Riot.jsとReact

その後、かの有名なFacebook社がReactというUIライブラリをこの世に生み出しました。これにより世のJavaScriptフレームワークは一気にコンポーネント指向に切り替わりました。Riot.jsもご多分に漏れずReactの「Templates separate technologies, not concerns.」という考え方にインスパイアされ、version2からよりUIに特化したライブラリに進化しました。当時のRiot.jsコア開発メンバーもReactをかなり評価していましたが、Reactでは解決できない問題があり、かつReact固有の問題（複雑度が高く、サイズも大きい）もあるということで、これを解決したUI特化のものとしてRiot.jsのversion2が生まれました。

下記のブログはRiot.jsのversion2に関するものですが、「なぜRiot.jsを作ったのか?」という背景なども書かれた貴重なブログ記事なので、興味があれば読んでみてください。

- From React to Riot 2.0

  URL https://muut.com/blog/technology/riot-2.0/

Riot.jsの歴史は意外と長く、Reactの半年後にスタートしています。実際にGitHubのコミット履歴を見てみると、かなり近く、兄弟のような存在でもありました。

●Reactのファーストコミット

Commits on May 30, 2013

Initial public release
zpao committed on 30 May 2013
💬 12   75897c2   <>

●Riot.jsのファーストコミット

Commits on Sep 27, 2013

Initial commit
tipiirai committed on 27 Sep 2013
   7b72a8e   <>

　お互いに独自の進化を遂げてきましたが、ファーストコミットから今日までずっと開発され、使い続けて来たUIライブラリです。栄枯盛衰が最も激しい世界の1つがフロントエンドのフレームワーク・ライブラリなので、かれこれ5年も続いているのは本当にすごいことです。

▌▌▌Riot.jsのコミュニティ

　昔とは異なり、現在ではRiot.jsのコミュニティも醸成してきました。もし今後、Riot.jsで開発をしていく上で困ったことや疑問点などがあれば、下記のいずれかに質問を投げるのがよいでしょう。

▶ GitHubの公式リポジトリのissue

　言わずもがなですが、リポジトリにissueを立てて「question」ラベルを付ける方法がもっとも確実かもしれません。コアコミッターやその他のコントリビューターの方々が回答してくれます。

- GitHubリポジトリのissues

　　URL https://github.com/riot/riot/issues

●Riot.jsの公式リポジトリのissues

▶ 公式Discordチャンネル

Discordチャンネルもかなり有力な場です。コアコミッターもコントリビューターもかなり多く参加しており、かつチャット形式でやり取りができるので早く回答が得られる可能性があります。こちらはRiot.jsユーザーたちのコミュニケーションが活発です。

- ● Discordチャンネル
  URL https://discordapp.com/invite/PagXe5Y

◉ Discord チャンネル

▶ SlackのJapan User Groupワークスペース

GitHubのリポジトリやDiscordに質問するのは確実ですが、英語でのやり取りが必須になり、少しハードルが高い可能性があります。上記の2つよりも少し活発さには欠けますが、日本語でのコミュニケーションしたい、日本時間でやり取りがしたいという方はSlackの日本ユーザーグループのワークスペースという選択肢もあります。

- ● Slackワークスペース
  URL https://riot-jp.slack.com/

02｜Riot.jsの基礎

● Slackワークスペース

　お好きなコミュニティを活用してもらえればと思いますが、参加人数・活発さでいうとDiscordで質問するのがよいと思います。

CHAPTER 03

はじめてのRiot.jsでの
アプリケーション開発

TODOアプリを作ってみよう

　基礎文法を学び終わりましたので、ここからは具体的にアプリケーション開発に入っていきたいと思います!　本章では、フレームワークを学ぶ際によく作られる(今やデファクトスタンダードと言っても過言ではない)**TODOアプリ**を作っていきましょう。実際の完成イメージはこちらです。

●TODOアプリのデモ画面

I want to behave!

☑ ~~Avoid excessive caffeine~~

☐ Hidden item

☐ Be less provocative

☐ Be nice to people

[   ] (Add #5)

　皆さまも一度は見たことがある、触ったことあるアプリケーションではないでしょうか?　今回作成するアプリケーションのデモをPlunkerで下記のURLで公開しているので、触ってみてください。

URL https://run.plnkr.co/preview/ck8em6dla001a2a6lbxtc9nbd/

　簡単なアプリケーションですが、開発してみるといろいろと考えることがあり、かつシンプルな設計を求めらるので、基礎の復習や応用にはとても良い教材といえます。それでいて難易度は低く、簡単に作れることができます。入門後の最初の開発として、TODOアプリを作ってみましょう!

本章の流れは次のようになっています。

- TODOアプリを作ってみよう(本節)
  - 概要と流れ
- 新規にtodoを追加する
  - フォームの追加とリストの表示
  - データ構造の設計
- 追加したtodoを削除する
- リファクタリングで保守性を上げよう
  - 適切にコンポーネントに分ける
  - コンポーネント間でデータのやり取り
- LocalStorage を使ってデータの永続化をしてみよう

　基本的には書かれていることに沿って手を動かしていけばアプリケーションが作られるような流れになっているので、安心して進んでいただければと思います。それでは、TODOアプリの開発に進んでいきましょう!

新規にtodoを追加する

　まずは、CHAPTER 02と同様にPlunkerのテンプレートをforkして、左ペインの **app.riot** をダブルクリックし、ファイル名を **todo.riot** と変更してください。次に **index.html** を下記のように変更します。

SAMPLE CODE index.html

```
  <body>
-   <app></app>
+   <todo></todo>

-   <script type="riot" src="./app.riot"></script>
+   <script type="riot" src="./todo.riot"></script>
    <script>
      riot
        .compile()
        .then(() => {
-         riot.mount('app', {
+         riot.mount('todo', {
-           title: 'Hello Riot.js!'
+           title: 'TODO App'
          })
        })
    </script>
  </body>
```

　また、**todo.riot** 、**lib/style.css** を開き、次のように変更してください。スタイルの微調整もついでに行います。

SAMPLE CODE todo.riot

```
- <app>
+ <todo>
    <div class="app-header">
      <img src="https://riot.js.org/img/logo/riot-logo.svg" alt="Riot.js logo" class="logo">
    </div>
+   <div id="container">
-     <h1>{ props.title }</h1>
+     <h1>{ props.title }</h1>
+   </div>
- </app>
+ </todo>
```

SAMPLE CODE style.css

```
+ todo #container {
+   display: block;
+   max-width: 480px;
+   margin: 5% auto;
+ padding: 20px;
+ box-shadow:
+   0 2px 2px 0 rgba(0,0,0,.14),
+   0 3px 1px -2px rgba(0,0,0,.2),
+   0 1px 5px 0 rgba(0,0,0,.12);
+ }

- app .app-header {
+ todo .app-header {
    padding: 10px;
    margin-bottom: 20px;
    border-bottom: 2px solid #999;
  }
- app .logo {
+ todo .logo {
    height: 36px;
    margin-bottom: 5px;
  }
```

これで下準備は整いました。 **app** のままでも問題なく動作しますが、混在してもいけないので明示的に名前を **todo** に変更しました。

▌▌フォームの実装

ではtodoを登録するために、フォームを実装していきます。

SAMPLE CODE todo.riot

```
  <todo>
    <div class="app-header">
      <img src="https://riot.js.org/img/logo/riot-logo.svg" alt="Riot.js logo" class="logo">
    </div>
    <div id="container">
      <h1>{ props.title }</h1>
+
+     <form>
+       <input name="todo" value="" placeholder="please input task" />
+       <button>
+         Add
+       </button>
+     </form>
    </div>
  </todo>
```

　入力ボックスと「Add」と書かれたボタンが表示されたと思いますが、このままではフォームボックスが小さく、また、ボタンとの間隔が狭いので、少しスタイルを調整していきます。

SAMPLE CODE style.css

```css
todo form input {
  font-size: 85%;
  padding: .4em;
  border: 1px solid #ccc;
  border-radius: 2px;
}
todo button {
  background-color: #1FADC5;
  border: 1px solid #eee;
  font-size: 75%;
  color: #fff;
  padding: .4em 1.2em;
  border-radius: 2em;
  cursor: pointer;
  margin: 0 .5rem;
  outline: none;
}
```

●フォームの追加

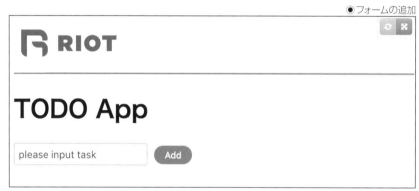

||| TODOリストの表示

次に、TODOリストを表示する欄を作っていきましょう。

HTMLの変更を行う前に、今回のTODOアプリのデータ構造を考えていきたいと思います。TODOリストに必要なデータは、次のようになります。

- タスクID → id
- タスク名 → title
- 完了ステータス(未/済) → done

したがってこの要件を満たすようなデータ構造を考えると、次のような配列の形になります。

```
todoList: [
  { id: 1, title: 'task1', done: false },
  { id: 2, title: 'task2', done: true },
  { id: 3, title: 'task3', done: false },
],
nextId: 4
```

また、`id` についてはこの先、todoの削除機能も実装するので、次のIDの値も保持しておくほうがよいでしょう。よって、`nextId` というパラメータも付与しています。もちろん、アプリケーションによっては他にも必要なデータはあると思いますが、今回作成するTODOアプリではこの形で十分なので、このまま進めていきます。

では、配列をそのまま初期レンダリング時のデータセットとして、`todo` タグに渡していきましょう。

SAMPLE CODE index.html

```
  riot.mount('todo', {
-   title: 'TODO App'
+   title: 'TODO App',
+   todoList: [
+     { id: 1, title: 'task1', done: false },
+     { id: 2, title: 'task2', done: true },
+     { id: 3, title: 'task3', done: false },
+   ],
+   nextId: 4
  })
```

それではTODOリストを表示するようにHTMLを編集していきます。先ほど渡されたデータを `todo` で受け取り、`state` にセットしていくことも合わせて実装していきましょう。

SAMPLE CODE todo.riot

```
   <form>
     <input value="" placeholder="please input task" />
     <button>
       Add
     </button>
   </form>
+
+  <h4>todo list</ht>
+  <ul>
     <!-- ① -->
+    <li each={ todo in state.todoList } key={ todo.id }>
+      <label class="">
         // ②
+        { todo.title }
+      </label>
+    </li>
+  </ul>
   </div>
+
   <script>
     export default {
+      state: {
+        todoList: []
+      },
       onBeforeMount(props, state) {
-        // any processing
+        state.nextId = props.nextId
+        state.todoList = props.todoList
       }
     }
   </script>
```

①ではCHAPTER 02で触れた **each** ディレクティブを用いてループ処理をしています。
todoList 配列の1つひとつのデータセットを **todo** という変数に格納しています。

また、**key** という属性でIDをセットしていますが、こちらはなくても動作はしますが、パフォーマンスの観点で入れておいたほうがよいので、特に理由がなければ入れることをオススメします。詳しくは下記のURLを参照してください。

URL https://riot.js.org/ja/documentation/#ループの発展的な-tips

②では、①で **todo** という変数にセットしましたが、**each** ディレクティブが定義された
HTMLタグ内・カスタムタグ内であれば利用可能なので、**title** という値を参照しています。
ここまでで、次のように表示されていると思います。

●リストの表示

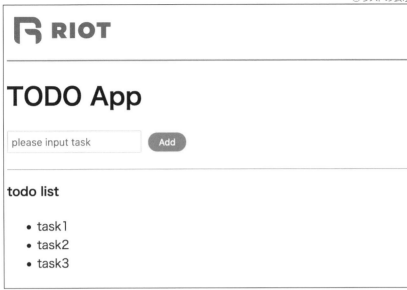

　このままでは各タスクのステータスが完了なのか否かがわからないため、修正していきましょう。まずは **done** が **true** のものに関しては文字の色をグレーに変更し、打ち消し線を表示することで、パッと見てわかるようにします。ついでにスタイル調整も行っていきます。

SAMPLE CODE todo.riot

```
  <ul>
    <li each={ todo in state.todoList } key={ todo.id }>
-     <label class="">
      <!--  ③ -->
+     <label class={ todo.done ? 'completed' : null }>
        { todo.title }
      </label>
    </li>
  </ul>
```

SAMPLE CODE style.css

```
todo h4 {
  border-top: 1px solid #aaa;
  padding-top: 1rem;
}
todo ul {
  padding: 0;
}
todo li {
  list-style-type: none;
```

```
  padding: .2em 0;
}
todo li:hover {
  background-color: #eee;
}
todo li .completed {
  text-decoration: line-through;
  color: #ccc;
}
```

③では三項演算子と呼ばれるJavaScriptの機能を用いて、ステータスが完了の場合は **completed** というクラスをセットしています。未完了であれば何もセットしないので、HTMLとしては **<label>** となります。

ここまで実装すると、次のように表示されていると思います。

●完了todoの表示

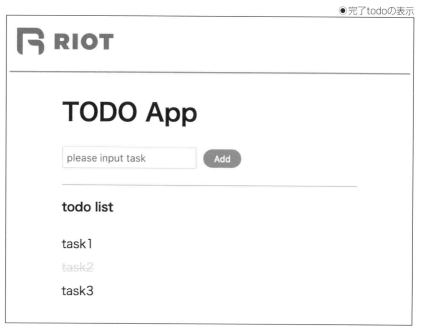

以上でビュー側の実装はできました。以降では実際に操作する部分のロジックを実装していきます。

■ ロジックの実装

まずは、本節のメインテーマであるTODOの追加の実装を行っていきます。現状の問題点は、次の2点です。

- 画面上の「Add」ボタンをクリックしてもTODOリストに追加されない
- 画面がリロードしてしまう

これらを修正していきます。

SAMPLE CODE todo.riot

```
  <h1>{ props.title }</h1>
- <form>
  <!-- ④ -->
+ <form onsubmit={ addTodo }>

  ...

  onBeforeMount(props, state) {
    state.nextId = props.nextId
    state.todoList = props.todoList
- }
+ },
+ addTodo(e) {
    // ⑤
+   e.preventDefault()
    // ⑥
+   if (e.target.todo.value) {
+     this.state.todoList.push({
+       id: this.state.nextId + 1,
+       title: e.target.todo.value,
+       done: false
+     })
+     this.state.nextId + 1
      // ⑦
+     this.update()
+   }
+ }
```

④では、onSubmit イベントハンドラをセットしています。今回はPOSTされたらTODOリストに項目が追加される仕様となるので、追加を意味する **addTodo()** という名前のメソッドとしました。

⑤では、イベントハンドラは **export default** 内に書くことをCHAPTER 02で学びました。ここでは **preventDefault** メソッドについて簡単に説明します。わかりやすさのため、多少の厳密さを欠きますが、ご了承ください。

このメソッドは名前の通り、**デフォルトの操作を防ぎます**。基本的に **<form>** タグからデータがPOSTされると画面がリロードされます。それがブラウザの標準のイベントの実行だからです。しかし、今回はその前に我々が設定する処理を実行させたいので、ブラウザの標準のイベントを止める必要があります。

詳しく知りたい方は下記のMDNの記事が参考になりますので、ご参照ください。

- Event.preventDefault()

  `URL` https://developer.mozilla.org/ja/docs/Web/API/Event/preventDefault

⑥では、**name="todo"** が設定された入力フォームの値(**value**)が空かどうかを判定し、空ではない場合にのみ **todoList** に値を追加するようにしています。また、次のtodoのIDを加算する必要があるので、**+1** しています。

⑦では、CHAPTER 02でも触れましたが、明示的に **update()** メソッドを実行しないと画面に反映されません。また、Riot.jsの **update()** メソッドは、**state** オブジェクトの更新も行うので、⑥と合わせて次のように書くこともできます。

```
addTodo(e) {
  e.preventDefault()
  if (e.target.todo.value) {
    this.update({
      todoList: [
        ...this.state.todoList,
        {
          id: this.state.nextId + 1,
          title: e.target.todo.value,
          done: false
        }
      ],
      nextId: this.state.nextId + 1
    })
  }
}
```

ES2015の記法も利用しており、JavaScriptに慣れた方はこちらの書き方のほうがしっくりくるかもしれません。お好きな方の書き方をご利用ください。

- component.update

  `URL` https://riot.js.org/ja/api/#componentupdate

なお、本書ではこちらの記法で進めるので、修正しましょう。

SAMPLE CODE todo.riot

```
  addTodo(e) {
    e.preventDefault()
    if (e.target.todo.value) {
-     this.state.todoList.push({
-       id: this.state.nextId + 1,
-       title: e.target.todo.value,
-       done: false
-     })
-     this.state.nextId + 1
-     this.update()
+     this.update({
+       todoList: [
+         ...this.state.todoList,
+         {
+           id: this.state.nextId + 1,
+           title: e.target.todo.value,
+           done: false
+         }
+       ],
+       nextId: this.state.nextId + 1
+     })
    }
  }
```

　前述の⑥にて、入力フォームの値が空ではない場合にのみ処理を実行していますが、そもそも値が空の場合は「Add」ボタンを押せなくするほうがユーザビリティが高く、意図しない操作を抑制することもできるので修正していきます。また、次に何番目のtodoが追加されるのかも可視化したいと思います。

SAMPLE CODE todo.riot

```
  <form onsubmit={ addTodo }>
-   <input name="todo" value="" placeholder="please input task" />
+   <input
+     name="todo"
+     value=""
+     oninput={ input }
+     placeholder="please input task"
+   />
-   <button>
+   <button disabled={ !state.isInput }>
-     Add
+     Add #{ state.todoList.length + 1 }
    </button>

  ...
```

▼

▼

```
  state: {
-   todoList: []
+   todoList: [],
+   nextId: 0,
+   isInput: false
  },

...

  addTodo(e) {
    if (e.target.todo.value) {
      // ⑧
      this.update({
        todoList: [
          ...this.state.todoList,
          {
            id: this.state.todoList.length + 1,
            title: e.target.todo.value,
            done: false
          }
        ],
-       nextId: this.state.nextId + 1
+       nextId: this.state.nextId + 1,
+       isInput: false
      })
      // ⑨
+     e.target.todo.value = ""
+   }
+ },
+ input(e) {
+   this.update({
+     isInput: e.target.value
+   })
+ }
```

SAMPLE CODE style.css

```
todo button:disabled {
  background-color: #ddd;
  color: #aaa;
  cursor: default;
}
```

　⑧では、入力状態を初期化しています。この設定がないと、タスクを追加しても「Add」ボタンが活性化したままとなってしまいます。

⑨では、タスクの追加処理と画面の更新が終わったら、入力フォームをクリアしています。この記述がないと、登録後も入力フォームに入力した値がそのまま残ってしまいます。

変更できたら保存して入力フォームに何か入力してみてください。空の場合は「Add」ボタンがグレーアウトし、クリックしても反応しなくなったと思います。

ここまでで、それぞれのtodoが完了しているかどうかがわかるようにはなりましたが、各タスクのステータスの変更がまだできないので、これを変更できるように修正していきます。

SAMPLE CODE todo.riot

```
   <label class={ todo.done ? 'completed' : null }>
+    <input
+      type="checkbox"
+      checked={ todo.done }
       <!-- ⑩ -->
+      onclick={ () => toggle(todo) }
+    />
     { todo.title }
   </label>

...

   input(e) {
     this.update({
       isInput: e.target.value
     })
-  }
+  },
+  toggle(todo) {
+    todo.done = !todo.done
+    this.update()
+  }
```

⑩では、完了か否かの2つの状態のみを切り替えるので、**toggle** というメソッドを用意し、呼ぶようにしています。

単に **onclick={ toggle }** の場合は **toggle** メソッドの引数として受け取れる値は **MouseEvent** となります。また、先ほどと同様に **toggle** メソッド内で **console.log(todo.target)** の値を見てみると、チェックボックスのHTMLが設定されています。しかし、ここで私達が操作したいのは、各todoの完了ステータスである **done** パラメータです。したがって少々トリッキーですが、今回は無名関数をセットし、その中で各todoオブジェクトを引数に **toggle** メソッドを呼ぶように設定しています。

ここまで変更できたら保存し、画面をリロードしてみてください。次のように表示されれば完成です（画像では多少の操作をしています）。念のため、入力フォームからtodoを追加し、チェックボックスをクリックして各todoの完了ステータスを変更してみてください。

● todo追加の実装完了

　以上で、todoの追加ができるところまでの実装が完了しました！　次節では、完了したtodo を削除する処理を追加していきたいと思います。

完了したtodoを削除する

それでは、前節までで作成したTODOアプリに、完了したtodoの削除機能を追加していきます。削除には次の2通りがあるので、1つひとつ実装していきましょう。

- 個別にtodoを削除する
- 完了したtodoを一括削除する

前回までの内容よりもだいぶ簡単なので、サクサク進められるかと思います!

■ 個別にtodoを削除する

まずは todo リストの各行に、削除ボタンを追加していきます。

```
SAMPLE CODE  todo.riot
        { todo.title }
      </label>
+     <button class="danger" onclick={ () => deleteTodo(todo) }>
+       delete
+     </button>
    </li>
  </ul>
+ <p if={ state.todoList.length === 0 }>No Todos</p>
...

  toggle(todo) {
    todo.done = !todo.done
    this.update()
-   }
+   },
+ deleteTodo(todo) {
    // ①
+   this.update({
+     todoList: this.state.todoList.filter(item => item.id !== todo.id)
+   })
+ }
```

```
SAMPLE CODE  style.css
todo button.danger {
  background-color: #fff;
  color: #CB2431;
  margin-left: .6rem;
}
```

```
/* ② */
todo button.danger:hover {
  background-color: #CB2431;
  color: #fff;
}
```

①では、todoを削除するメソッドを deleteTodo という名前で定義しています。引数には個別の todo オブジェクトが渡されます。メソッド内では、state から todoList 配列の要素を1つひとつ調べ、そのIDとメソッドに渡されたtodoのIDを比較し、同じものを除外した新しい配列をセットし直しています。その結果、削除ボタンを押されたtodoがリストから削除されます。

filter という関数はJavaScriptの標準機能になります。詳しい使い方は下記のMDNの記事を参照してください。

● Array.prototype.filter()

URL https://developer.mozilla.org/ja/docs/Web/JavaScript/
Reference/Global_Objects/Array/filter

②では、削除ボタンにマウスオーバーされたことを視覚的にわかるようにスタイルを調整しています。削除は危険な操作（破壊的といったりします）なので、その旨を表す意味で赤色にすることが多いです。

ここまで変更できたら保存し、アプリがリロードされたら実際に削除ボタンをクリックしてみてください。実際にtodoが削除されると思います。ついでにすべてのtodoが削除された場合は、todoがない旨の文言を表示しています。

個別の削除機能の実装としてはこれで完了ですが、今のままだと誤ってボタンをクリックしてしまった場合でも削除されてしまいます。これはユーザビリティの観点ではあまりよろしくないので、削除前に確認アラートを表示し、OKであれば削除し、NGであれば操作をキャンセルするように修正してみましょう。

SAMPLE CODE todo.riot

```
  deleteTodo(todo) {
+   if (window.confirm('本当に削除してもよろしいですか？')) {
-   this.update({
-     todoList: this.state.todoList.filter(item => item.id !== todo.id)
-   })
+     this.update({
+       todoList: this.state.todoList.filter(item => item.id !== todo.id)
+     })
+   }
  }
```

変更できたら再度、保存し、アプリをリロードしてください。削除ボタンをクリックし、次のように確認アラートが表示されます。これで個別にtodoを削除する機能の実装は完了です。

◉個別にtodoを削除する

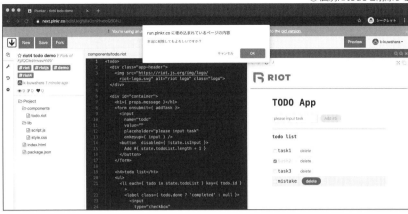

完了したtodoを一括削除

個別の削除の実装が完了したら、次は **done** ステータスが **true** になっている、すなわち完了したtodoを一括で削除する機能を実装していきます。

SAMPLE CODE todo.riot

```
  <button disabled={ !state.isInput }>
    Add #{ state.todoList.length + 1 }
  </button>
+ <button
+   class="danger"
+   onclick={ deleteDoneTodos }
+ >
+   delete done
+ </button>

...

  deleteTodo(todo) {
    if (window.confirm('本当に削除してもよろしいですか？')) {
      this.update({
        todoList: this.state.todoList.filter(item => item.id !== todo.id)
      })
    }
- }
+ },
  // ③
+ deleteDoneTodos() {
+   if (window.confirm('本当に全てのtodoを削除してもよろしいですか？')) {
      // ④
+     this.update({
```

```
+        todoList: this.state.todoList.filter(item => item.done !== true)
+      })
+    }
+ }
```

③では、完了タスクの削除ボタンも常にクリックできる状態ではユーザビリティが悪いので、完了タスクが1件もない場合（ `state.hasDoneTodo` が `false` の場合）は非活性にしています。

④では、完了タスクの削除メソッドを定義しています。今回は `state` の中身のみを判定の材料にすればいいため、引数の指定はありません。

⑤では、今回は `todoList` 配列の要素を1つひとつ調べ、 `done` ステータスが `true` 以外のものを要素とした配列をセットし直しています。この結果、完了したタスクは削除され、未完了のもののみ表示される形となります。

これで実装そのものは完了していますが、現状だと常にボタンが押せてしまっているので、個別に削除したときと同様に、完了となっているtodoがあるときのみボタンを活性化させたいですね。ただし、個別削除の際と異なり、今回はすべてのイベントが発火したときに完了となっているtodoが存在するかチェックする必要があります。たとえば、個別にtodoを削除しても他に完了しているtodoが存在するならばボタンは活性化している、タスクを追加した際も完了しているtodoが存在しなければ非活性のままなど、すべてのtodoのステータスにボタンの活性/非活性が影響を受けるからです。

では実装していきます。

SAMPLE CODE todo.riot

```
  <button
    class="danger"
+   disabled={ !state.hasDoneTodo }
    onclick={ deleteDoneTodos }
  >
    delete done
  </button>

  ...

  state: {
    todoList: [],
    nextId: 0,
-   isInput: false
+   isInput: false,
+   hasDoneTodo: true
  },
  onBeforeMount(props, state) {
    state.nextId = props.nextId
    state.todoList = props.todoList
```

```
+    state.hasDoneTodo = this.checkDoneTodo()
   },
   addTodo(e) {
     e.preventDefault()
     if (e.target.todo.value) {
+      const updatedTodoList = [
+        ...this.state.todoList,
+        {
+          id: this.state.nextId + 1,
+          ...newTask
+        }
+      ]
       this.update({
+        hasDoneTodo: this.checkDoneTodo(updatedTodoList),
-        todoList: [
-          ...this.state.todoList,
-          {
-            id: this.state.nextId + 1,
-            ...newTask
-          }
-        ],
+        todoList: updatedTodoList,
         nextId: this.state.nextId + 1,
         isInput: false

...

   toggle(todo) {
     todo.done = !todo.done
-    this.update()
+    this.update({
+      hasDoneTodo: this.checkDoneTodo()
+    })
   },
   // ⑤
+  checkDoneTodo(updatedTodoList) {
+    const todoList = updatedTodoList || this.state.todoList
+    return todoList.some(item => item.done === true)
+  },
   deleteTodo(todo) {
     if (window.confirm('本当に削除してもよろしいですか？ ')) {
+      const updatedTodoList
+        = this.state.todoList.filter(item => item.id !== todo.id)
       this.update({
+        hasDoneTodo: this.checkDoneTodo(updatedTodoList),
-        todoList: this.state.todoList.filter(item => item.id !== todo.id)
+        todoList: updatedTodoList
```

```
      })
    }
  },
  deleteDoneTodos() {
    if (window.confirm('本当に全てのtodoを削除してもよろしいですか？ ')) {
      // ⑥
      this.update({
+       hasDoneTodo: false,
        todoList: this.state.todoList.filter(item => item.done !== true)
      })
    }
  }
}
```

SAMPLE CODE style.css

```css
todo button.danger:hover {
  background-color: #CB2431;
  color: #fff;
}
/* ⑦ */
+ todo button.danger:disabled {
+   background-color: #ddd;
+   color: #aaa;
+   cursor: default;
+ }
```

　⑤では、**updateHasDoneTodo** という名前で、完了したtodoが存在するかどうかのチェックメソッドを用意しました。少々複雑なことをしていますが、**state** の **todoList** という配列に対して **filter** というJavaScriptのメソッドを利用して1つひとつ調べ、**done** となっているtodoを抽出しています。その個数を数え、0より大きければ完了しているtodoが存在することを意味するので、**state** の **hasDoneTodo** フラグの値を **true** に変更しています。

　⑥では、完了したtodoを削除しているので、**state** の **hasDoneTodo** フラグは必ず **false** となります。

　一括削除のボタンは③で対象のtodoが存在しなければ非活性になりますが、スタイルもグレーアウトになっているとパッと見てもわかるので、⑦でスタイルを調整しています。ただし、**hover** という疑似要素がついているCSSの記述箇所よりも後に記述しないと動作しないので注意が必要です。

　余談ですが、**done** ステータスに関係なくすべてのtodoを削除したい場合の実装はこれよりもっと簡単です。

SAMPLE CODE todo.riot

```
  <button disabled={ !state.isInput }>
    Add #{ state.todoList.length + 1 }
  </button>
  <button
    class="danger"
-   disabled={ !state.hasDoneTodo }
    <!--⑧ -->
+   disabled={ !(state.todoList.length > 0) }
    onclick={ deleteDoneTodos }
  >
    delete done
  </button>

...

  deleteTodo(todo) {
    if (window.confirm('本当に削除してもよろしいですか？')) {
      const updatedTodoList
        = this.state.todoList.filter(item => item.id !== todo.id)
      this.update({
        hasDoneTodo: this.checkDoneTodo(updatedTodoList),
        todoList: updatedTodoList
      })
    }
  },
  deleteDoneTodos() {
    if (window.confirm('本当に全てのtodoを削除してもよろしいですか？')) {
      // ⑨
      this.update({
        hasDoneTodo: false,
-       todoList: this.state.todoList.filter(item => item.done !== true)
+       todoList: []
      })
    }
  }
```

⑧については、すべてのtodoを削除する場合は特にフラグを用意する必要はなく、単に **todoList** の長さを見て0より大きければtodoは存在することになりボタンは非活性となります。

⑨では、すべてのtodoを削除する場合は、単に **todoList** を初期化すればいいので、空の配列をセットし再レンダリングすればよいことになります。

ここまで変更できたら保存し、画面をリロードしてみてください。次のように表示されればOKです。

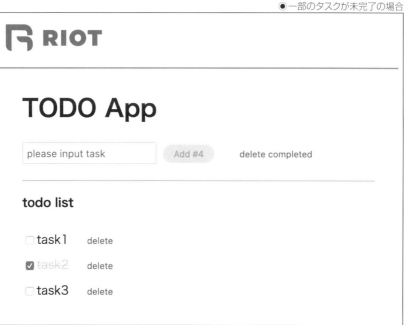

　以上で、本節の削除機能の実装は完了となりますが、実は今のままでは**いくつかの問題**
が残っています。

　1 すべてのタスクを一括削除した状態では何も表示されない

　2 HTMLやロジックが少し複雑化していて見通しが悪い

　3 Riot.jsのstateとHTMLの状態の2つを考えないといけない

　1 については何か文言を追加すればよいですが、**2** と **3** についてはRiot.jsでのアプリケー
ション開発だけでなく、今後どのようなフレームワークを使った開発をする上でも無視できない問
題ですので、次節でしっかりリファクタリングして、よりきれいなコードにしていきたいと思います!

03

はじめてのRiot.jsでのアプリケーション開発

リファクタリングで保守性を上げよう

前節で述べたように、本節では**リファクタリング(refactoring)**をしていきます。この言葉はプログラマの間では当たり前になっていますが、簡単に説明します。

リファクタリングとは、「プログラムの動作を変更することなくソースコードを改善すること」を意味する言葉で、主にソースコードの可読性や保守性、拡張性を向上させるための手法です。チームで開発していようと、個人で開発していようと、ソースコードの可読性や保守性が低いとそのソースコードのメンテナンスコストが余計にかかってしまいますし、拡張性が乏しいと追加機能開発が大変になってしまい、システムやアプリケーションがスケールしにくくなってしまいます。

こういう問題を解決するために、練習も兼ねて今回のtodoアプリのソースコードをリファクタリングしていきましょう！　ここで意識してもらいたい基本のマインドとして、**責務を分ける**というものがあります。オブジェクト指向設計の世界では**単一責任の原則(Single Responsibility Principle：SRP)**と呼ばれる原則です。この言葉についての説明は割愛させていただきますが、詳しく知りたい方は下記が参考になるので参照してください。

- 単一責任原則
  - URL　https://プログラマが知るべき97のこと.com/エッセイ/単一責任原則

フォーム部分を切り出す

それでは具体的に見ていきます。Plunkerサイトにアクセスして前節で作成したアプリケーションを開いてください。ざっくり大きく分けると、今回のアプリケーションは次の画像のように2つに分けることができると思います。

- フォーム部分
- todo リスト部分

●TODOアプリのコンポーネント分け

　これらは個別のコンポーネントとして別のファイルに切り出した方がプログラムの見通し・可読性が上がるので、分けていきましょう。

　まずはこれらのコンポーネントを作成します。画面左ペインの **components** ディレクトリ部分を右クリックし、表示されるメニューから[Create file]を選択します。「New File」というダイアログが表示されるので、[Filename]に「todo-form.riot」と入力して[OK]ボタンをクリックします。これで **todo-form.riot** というコンポーネントが作成されます。

　作成できたら、次のコードを追記してください。

SAMPLE CODE todo-form.riot

```
<todo-form>
  <script>
    export default {
      onBeforeMount(props, state) {
      }
    }
  </script>
</todo-form>
```

　では、このタグ内に、**todo.riot** の **<form>** のコードを丸ごと **todo-form.riot** に移します。

SAMPLE CODE todo.riot

```
    <h1>{ props.title }</h1>
-   <form onsubmit={ addTodo }>
-     <input
-       name="todo"
-       value=""
-       placeholder="please input task"
-       onkeyup={ input }
-     />
-     <button disabled={ !state.isInput }>
-       Add #{ state.nextId }
-     </button>
-     <button
-       class="danger"
-       disabled={ !state.hasDoneTodo }
-       onclick={ deleteDoneTodos }
-     >
-       delete done
-     </button>
-   </form>
```

SAMPLE CODE todo-form.riot

```
  <todo-form>
+   <form onsubmit={ addTodo }>
+     <input
+       name="todo"
+       value=""
+       placeholder="please input task"
+       onkeyup={ input } />
+     <button disabled={ !state.isInput }>
+       Add #{ state.nextId }
+     </button>
+     <button
+       class="danger"
+       disabled={ !state.hasDoneTodo }
+       onclick={ deleteDoneTodos }
+     >
+       delete done
+     </button>
+   </form>
+
    <script>
      export default {
      }
    </script>
  </todo-form>
```

新しくコンポーネントを作成しましたが、まだアプリケーションでは読み込まれていないので読み込む必要があります。

SAMPLE CODE index.html

```
  <script type="riot" src="./todo.riot"></script>
+ <script type="riot" src="./components/todo-form.riot"></script>
```

読み込みができましたので、アプリケーション内でも表示していきます。

SAMPLE CODE todo.riot

```
    <h1>{ props.title }</h1>
+
+   <todo-form />
```

最後に、親である **todo** コンポーネントの **state** を子である **todo-form** コンポーネントに渡し、状態を共有します。また、**todo** コンポーネント内で定義した各イベントハンドラも移動させます。

SAMPLE CODE todo.riot

```
-   <todo-form />
+   <todo-form state={ state } checkDoneTodo={ checkDoneTodo } />


...
    state: {
      todoList: [],
      nextId: 0,
-     isInput: false,
      hasDoneTodo: false
    },


-   addTodo(e) {
-     e.preventDefault()
-     if (e.target.todo.value) {
-       const updatedTodoList = [
-         ...this.state.todoList,
-         {
-           id: this.state.nextId + 1,
-           ...newTask
-         }
-       ]
-       this.update({
-         todoList: updatedTodoList,
-         nextId: this.state.nextId + 1,
-         isInput: false,
-         hasDoneTodo: this.checkDoneTodo(updatedTodoList)
-       })
-       e.target.todo.value = ""
-     }
-   },
-   input(e) {
-     this.update({
-       isInput: e.target.value
-     })
-   },


...

    deleteTodo(todo) {
      if (window.confirm('本当に削除してもよろしいですか？ ')) {
        const updatedTodoList
          = this.state.todoList.filter(item => item.id !== todo.id)
        this.update({
          hasDoneTodo: this.checkDoneTodo(updatedTodoList),
          todoList: updatedTodoList
        })
```

▼

```
      }
    },
-   deleteDoneTodos() {
-     if (window.confirm('本当に全てのtodoを削除してもよろしいですか？')) {
-       this.update({
-         hasDoneTodo: false,
-         todoList: this.state.todoList.filter(item => item.done !== true)
-       })
-     }
-   }
- }
```

SAMPLE CODE todo-form.riot

```
  <script>
    export default {
      onBeforeMount(props, state) {
+       this.state = props.state
-       }
+       },
+       addTodo(e) {
+         e.preventDefault()
+         if (e.target.todo.value) {
+           const updatedTodoList = [
+             ...this.state.todoList,
+             {
+               id: this.state.nextId + 1,
+               ...newTask
+             }
+           ]
+           this.update({
+             todoList: updatedTodoList,
+             nextId: this.state.nextId + 1,
+             isInput: false,
+             hasDoneTodo: this.props.checkDoneTodo(updatedTodoList)
+           })
+           e.target.todo.value = ""
+         }
+       },
+       input(e) {
+         this.update({
+           isInput: e.target.value
+         })
+       },
+       deleteDoneTodos() {
+         if (window.confirm('本当に全てのtodoを削除してもよろしいですか？')) {
+           this.update({
+             hasDoneTodo: false,
```

```
+              todoList: this.state.todoList.filter(item => item.done !== true)
+        })
+      }
+    }
    }
  </script>
</todo-form>
```

また、フォームのスタイリングはこのコンポーネント固有のものなので、こちらも移動させてしまいましょう。移動後は todo のクラス指定がなくなっていることに注意してください。

SAMPLE CODE style.css

```
- todo form input {
-   font-size: 85%;
-   padding: .4em;
-   border: 1px solid #ccc;
-   border-radius: 2px;
- }
```

SAMPLE CODE todo-form.riot

```
  </script>
+
+ <style>
+   form input {
+     font-size: 85%;
+     padding: .4em;
+     border: 1px solid #ccc;
+     border-radius: 2px;
+   }
+ </style>
```

少し大きな変更ですが、ここまでで画面の表示上は前節で完成した状態にまで復元できているかと思います。しかし、今の状態でtodoを追加したり、すべての **done** ステータスが **true** のtodoを削除しても画面に反映されません。ですが、**state** の更新は完了しています。

SAMPLE CODE todo-form.riot

```
    })
+   console.log(this.state)
    e.target.todo.value = ""
  }
},
```

追記できたら保存し、画面から何か適当な文字を入力した後で、「Add」ボタンをクリックしてください。その後、画面右ペイン下の「Console」をクリックしてコンソールの中身を見てみると、次のように **todoList** の要素数が4つに増えていることがわかります。

03

はじめてのRiot.jsでのアプリケーション開発

121

●todoの追加の確認

```
▼{todoList: Array(4), nextId: 5, hasDoneTodo: true}
  hasDoneTodo: true
  nextId: 5
▼todoList: Array(4)
  ▶0: {id: 1, title: "task1", done: false}
  ▶1: {id: 2, title: "task2", done: true}
  ▶2: {id: 3, title: "task3", done: false}
  ▶3: {id: 5, title: "test", done: false}
  length: 4
  ▶__proto__: Array(0)
▶__proto__: Object
```

しかし、画面上のtodoリストは増えていません。これはバグですので修正していきましょう。

■ コンポーネント間でイベント処理

修正の仕方はいくつかありますが、前章で学んだ **observable** を使う方法がわかりやすいと思います。ポイントは、分割した **todo-form** コンポーネントからイベントを発火し、todo コンポーネントで受信して **state** を書き換える、という点です。

まず、**observable** 本体を読み込むので **index.html** に次の内容を追記します。

SAMPLE CODE index.html

```
  <script type="text/javascript" src="https://unpkg.com/riot/riot+compiler.min.js"></script>
+ <script type="text/javascript"
+   src="https://unpkg.com/@riotjs/observable@4.0.4/dist/observable.js"></script>
```

observable のインスタンスを生成して **todo-form** コンポーネントに渡します。

SAMPLE CODE todo.riot

```
- <todo-form state={state} checkDoneTodo={checkDoneTodo} />
+ <todo-form
+   state={ state }
+   checkDoneTodo={ checkDoneTodo }
+   observable={ obs }
+ />

...

  onBeforeMount(props, state) {
    state.nextId = props.nextId
    state.todoList = props.todoList
    state.hasDoneTodo = this.checkDoneTodo()
+   this.obs = observable(this)
  },
```

　todo-form コンポーネントでは observable インスタンスを props を介して受け取ります。そして、イベント発火時に todo コンポーネントにイベントを受信させますが、todo-form コンポーネントでイベントが発火するタイミングは、todoを追加したときと完了したtodoを一括削除するときの2つなので、それぞれのイベントハンドラにて trigger() メソッドを実行します。

SAMPLE CODE todo-form.riot

```
  <!-- ① -->
- <button disabled={ !state.isInput }>
+ <button disabled={ !isInput }>
    Add #{ state.nextId }
  </button>

...

  addTodo(e) {
    e.preventDefault()

    if (e.target.todo.value) {
      // ①
+     this.isInput = false
-     this.update({
-       todoList: [
-         ...this.state.todoList,
-         {
-           id: this.state.nextId + 1,
-           title: e.target.todo.value,
-           done: false
-         }
-       ],
-       nextId: this.state.nextId + 1,
-       isInput: false,
-       hasDoneTodo: this.props.checkDoneTodo()
-     })
      // ②
+     this.props.observable.trigger('add todo', {
+       title: e.target.todo.value,
+       done: false
+     })
-     console.log(this.state.todoList)
      e.target.todo.value = ""
    }
  },
  input(e) {
-   this.update({
-     isInput: e.target.value
-   })
```

```
    // ①
+   this.isInput = e.target.value
+   this.update()
  },

  ...

  deleteDoneTodos() {
    if (window.confirm('本当に全てのtodoを削除してもよろしいですか？')) {
-     this.update({
-       hasDoneTodo: false,
-       todoList: this.state.todoList.filter(item => item.done !== true)
-     })
      // ③
+     this.props.observable.trigger('delete done todos')
    }
  }
}
```

①では、isInput は todo-form 特有のコンポーネントになる、かつ todo コンポーネントの state ではすでに削除されているため、state で管理する必要もなくなりました。よってここではコンポーネント内の1つの変数に変更しています。また、addTodo() メソッドでは this.update() メソッドを実行せずとも親である app コンポーネントがコールしてくれるので、ここでは値をセットするのみで構いません。

②では、todoの追加用の add todo イベントを発火させています。今まではここで todo-form コンポーネントで管理していた state を更新していましたが、更新したい state は todo コンポーネントの state になるので、ここでは新しく追加するtodoのオブジェクトを引数として渡しています。 state の更新と画面への反映は、add todo イベントを受信する todo コンポーネントで行います。

1点だけ注意したいのは、新しいtodoの情報を渡す際に id は除外しています。これはあくまで todo コンポーネントで管理している state を更新したいため、todo-form コンポーネントの state の値で更新すると管理が煩雑になるからです。また、このため、後述しますが、todo-form コンポーネントから props で渡される state は削除します。

③では、完了したtodoの一括削除用のイベント delete done todos を発火しています。ここでも todo-form コンポーネントの state は更新しないため、イベントを発火するのみで更新する処理は丸ごと削除し、更新と画面の反映は delete done todos イベントを受信する todo コンポーネントで行います。

では todo コンポーネントにて、上記で発火させられた add todo イベントと delete done todos イベントの受信処理を実装していきます。

SAMPLE CODE todo.riot

```
  onBeforeMount(props, state) {
    state.todoList = props.todoList
    this.updateHasDoneTodo()
    this.obs = observable(this)
  },
+ onMounted() {
    // ④
+   this.on('add todo', (newTask) => {
+     const updatedTodoList = [
+       ...this.state.todoList,
+       {
+         id: this.state.nextId + 1,
+         ...newTask
+       }
+     ]
+     this.update({
+       todoList: updatedTodoList,
+       nextId: this.state.nextId + 1,
+       hasDoneTodo: this.checkDoneTodo(updatedTodoList)
+     })
+   })
    // ⑤
+   this.on('delete done todos', () => {
+     this.update({
+       hasDoneTodo: false,
+       todoList: this.state.todoList.filter(item => item.done !== true)
+     })
+   })
+ },
```

④では、**add todo** イベントを受信した処理を実装しています。**state** の **todoList** に **newTask** という引数で渡されたtodoを追加し、**update** メソッドを実行しています。

補足として、「**onMounted()** メソッド内で **state.todoList = ...** のように書けるのでは?」という疑問があると思いますが、執筆現時点では引数の **state** とコンポーネントの **state** では値を個別に保持しています。そこで、今回は明示的に **this.state** を用いて実装しています。

⑤では、**delete done todos** イベントを受信し、**state** の **todoList** から **done** となっているtodoをフィルタリングした後、**update** メソッドを実行しています。

ここまで変更できたら保存し、アプリケーションを再起動が完了したら実際に動かしてみてください。todoが追加されたり、**done** のtodoが一括で削除できたりしていると思います。

次に、**todo** コンポーネントから発火するイベントの処理を書いていきます。対象のイベントは、次のようになります。

- todoを追加したときの更新
- 完了したtodoを一括削除したときの更新
- 各todoのチェックボックスをチェックしたときの更新

ただし、3つ目のチェックボックスについては現状問題なく動作するので、残りの2つを対応していきます。 `todo-form` コンポーネントの入力フォームと「delete done」ボタンの活性/非活性を変更させるため、この処理を実装していきましょう。

SAMPLE CODE todo.riot

```
  <todo-form
    state={ state }
    <!-- ⑥ -->
-   checkDoneTodo={ checkDoneTodo }
+   hasDoneTodo={ state.hasDoneTodo }
    observable={ obs }
- />
```

SAMPLE CODE todo-form.riot

```
  <button
    class="danger"
-   disabled={ !state.hasDoneTodo }
    // ⑦
+   disabled={ !props.hasDoneTodo }
    onclick={ deleteDoneTodos }
  >
```

⑥では、`todo-form` コンポーネントの初期レンダリング時に「delete done」ボタンの活性/非活性を制御するため、`props` で初期値を渡しています。属性が増えてきたので、それぞれの属性ごとに改行しました。2つまでは1行で、3つからは改行するのがおすすめです。

⑦では、親である `todo` コンポーネントで `this.update()` が実行されるとその子供にも影響するため、渡される `props` も自動的に変更されます。したがって、`props` から直接、指定しました。

ここでよく `todo-form` コンポーネントを見てみると、`state` を使っている箇所は「Add」ボタンの活性/非活性と次のtodoのIDを表示するのみとなっているので、`state` を用いない方がコストもかからず、各コンポーネントで明確にスコープが分けられます。したがって、`todo-form` から `state` を削除し、次のtodoのIDを渡します。

SAMPLE CODE todo.riot

```
  <todo-form
-   state={ state }
    hasDoneTodo={ state.hasDoneTodo }
    observable={ obs }
+   nextId={ state.nextId  }
  />
```

SAMPLE CODE todo-form.riot

```
- <button disabled={ !state.isInput }>
+ <button disabled={ !props.isInput }>
-   Add #{ state.nextId }
+   Add #{ props.nextId }
  </button>

  ...

  // ⑧
- onBeforeMount(props, state) {
-   this.state = props.state
- },
```

⑧では、結果として **onBeforeMount()** メソッドでやることがなくなったので削除しました。
以上でフォーム部分の切り出しが完了しました。

todoリスト部分を切り出す

次にtodoリストの部分も切り出します。まずは **todo-list.riot** ファイルを作成し、**index.html** に読み込ませます。

SAMPLE CODE index.html

```
  <script type="riot" src="todo.riot"></script>
  <script type="riot" src="./components/todo-form.riot"></script>
+ <script type="riot" src="./components/todo-list.riot"></script>
```

では、**todo** コンポーネントからリスト表示しているHTMLを **todo-list** コンポーネントに
移行します。ついでに、リスト固有のスタイリングも合わせて移行してしまいましょう。

SAMPLE CODE todo.riot

```
    nextId={state.nextId}
    hasDoneTodo={state.hasDoneTodo}
  />
-
- <h4>todo list</h4>
- <ul>
-   <li each={ todo in state.todoList } key={ todo.id }>
-     <label class={ todo.done ? 'completed' : null }>
-       <input
-         type="checkbox"
-         checked={ todo.done }
-         onclick={ () => toggle(todo) }
-       />
-       { todo.title }
-     </label>
-     <button class="danger" onclick={ () => deleteTodo(todo)} >
```

▼

```
-       delete
-     </button>
-   </li>
- </ul>
- <p if={ state.todoList.length === 0 }>No Todos</p>
+ <todo-list
+   todoList={ state.todoList }
+   observable={ obs }
+ />
```

SAMPLE CODE todo-list.riot

```
<todo-list>
  <h4>todo list</h4>
  <ul>
    <li each={ todo in props.todoList } key={ todo.id }>
      <label class={ todo.done ? 'completed' : null }>
        <input
          type="checkbox"
          checked={ todo.done }
          onclick={ () => toggle(todo) }
        />
        { todo.title }
      </label>
      <button class="danger" onclick={ () => deleteTodo(todo)} >
        delete
      </button>
    </li>
  </ul>
  <p if={ props.todoList.length === 0 }>No Todos</p>

  <style>
    h4 {
      border-top: 1px solid #aaa;
      padding-top: 1rem;
    }
    ul {
      padding: 0;
    }
    li {
      list-style-type: none;
      padding: .2em 0;
    }
    li:hover {
      background-color: #eee;
    }
    li .completed {
```

```
            text-decoration: line-through;
            color: #ccc;
        }
    </style>
</todo-list>
```

SAMPLE CODE style.css

```
- todo h4 {
-     border-top: 1px solid #aaa;
-     padding-top: 1rem;
- }
- todo ul {
-     padding: 0;
- }
- todo li {
-     list-style-type: none;
-     padding: .2em 0;
- }
- todo li:hover {
-     background-color: #eee;
- }
- todo li .completed {
-     text-decoration: line-through;
-     color: #ccc;
- }
```

　ここまでで、見た目としては以降が完了しております（実際にtodoが表示されると思います）。また、**todo-list** コンポーネントでは **state** が **props** に変わっていることに注意してください。次にロジック周りを移行します。

SAMPLE CODE todo.riot

```
- toggle(todo) {
-     todo.done = !todo.done
-     this.update({
-         hasDoneTodo: this.checkDoneTodo()
-     })
- },
    checkDoneTodo(updatedTodoList) {
        const todoList = updatedTodoList || this.state.todoList
        return todoList.some(item => item.done === true)
- },
+ }
- deleteTodo(todo) {
-     if (window.confirm('本当に削除してもよろしいですか？')) {
-         const updatedTodoList
-             = this.state.todoList.filter(item => item.id !== todo.id)
```

```
-    this.update({
-      hasDoneTodo: this.checkDoneTodo(updatedTodoList),
-      todoList: updatedTodoList
-    })
-  }
- }
```

SAMPLE CODE todo-list.riot

```
+ <script>
+   export default {
+     toggle(todo) {
+       todo.done = !todo.done
+       this.update({
+         hasDoneTodo: this.checkDoneTodo()
+       })
+     },
+     deleteTodo(todo) {
+       if (window.confirm('本当に削除してもよろしいですか？')) {
+         const filteredTodoList
+           = this.props.todoList.filter(item => item.id !== todo.id)
+         this.update({
+           hasDoneTodo: this.checkDoneTodo(updatedTodoList),
+           todoList: updatedTodoList
+         })
+       }
+     }
+   }
+ </script>
```

単純に移行してきましたが、このままだと動作しないので修正していきます。ポイントは **todo-form** コンポーネントと同様に、**state** を使わない点です。

SAMPLE CODE todo.riot

```
  this.on('delete done todos', () => {
    this.update({
      hasDoneTodo: false,
      todoList: this.state.todoList.filter(item => item.done !== true)
    })
  })
+ this.on('delete todo', (filteredTodoList) => {
+   this.update({
+     hasDoneTodo: this.checkDoneTodo(filteredTodoList),
+     todoList: filteredTodoList
+   })
+ })
+ this.on('toggle todo', (updatedList) => {
```

```
+    this.update({
+      hasDoneTodo: this.checkDoneTodo(updatedList),
+      todoList: updatedList
+    })
+  })
  }
```

SAMPLE CODE todo-list.riot

```
export default {
  toggle(todo) {
    todo.done = !todo.done
-    this.update({
-      hasDoneTodo: this.checkDoneTodo()
-    })
+    this.props.observable.trigger('toggle todo', this.props.todoList)
  },
  deleteTodo(todo) {
    if (window.confirm('本当に削除してもよろしいですか？')) {
      const filteredTodoList
        = this.props.todoList.filter(item => item.id !== todo.id)
      this.update([
-        hasDoneTodo: this.checkDoneTodo(updatedTodoList),
-        todoList: updatedTodoList
-      })
+      // ⑨
+      this.props.observable.trigger('delete todo', filteredTodoList)
    }
  }
}
```

⑨では、**props.todoList** を直接、更新して **observable.trigger** で渡したかったのですが、**props** は **freeze** されているため、更新ができません。したがって、別途変数を用意しました。

ここまで変更できたら保存し、アプリケーションが再起動したら動かしてみてください。一度、すべてのソースコードを見るとわかると思いますが、各コンポーネントのソースコード、特に **todo** コンポーネントはかなりスッキリしました。ルートコンポーネントでもあるので、各コンポーネントの配置、イベントが発火したら受信しそれぞれのイベントの処理を行うなど、全体の構成を受け持つようになりました。また、**state** もルートコンポーネントで一元管理するようになっておりますので、何か拡張するとしても変更しやすくなりました。

長くなりましたが、以上でリファクタリングは終了となります。

SECTION-016

LocalStorageを使って
データの永続化をしてみよう

　本章の最後は、todoリストの永続化をしたいと思います。前節まででアプリケーションとしては完成ですが、JavaScriptの仕様上、画面をリロードしたり画面を閉じて開き直すと、登録したtodoが消えてしまいます。これを解決する方法はいくつかありますが、本来はMySQLなどのRDB（Relational DataBase）やGoogle社が買収したFirebaseというプラットフォームのFirestoreなどのデータストレージサービスに保存します。今回は簡易的に**Web Storage**といういうブラウザの機能を使い、完全ではないですが、外部サービスに依存せず実現したいと思います。

||| localStorageの使い方

　Web Storage（以下、ストレージ）とは、文字通りlocal（エンドユーザーの環境）上に用意されているStorage機能になります。これはJavaScriptやRiot.jsの機能ではなく、各ブラウザに実装されているものです。また、ストレージとは総称で、具体的には**localStorage**と**sessionStorage**という2つの仕組みがあります。

　sessionStorageは、各オリジンごとに分割された保存領域を管理し、ページセッションの間（ブラウザを開いている間、ページの再読み込みや復元を含む）に使用可能です。

　localStorageはsessionStorageと同様の機能を有しますが、ブラウザを閉じたり再び開いたりしても持続します。

　現在の主要なブラウザ（Google Chrome、Firefox、Safari、IE、Edge）でも実装されているくらいには主要な機能なので、おそらく皆さんがお使いのブラウザでも利用可能かと思います。詳しくは、下記のMDNの記事を参照してください。今回はlocalStorageを利用します。

- ● Web Storage APIの使用

  `URL` https://developer.mozilla.org/ja/docs/Web/API/
  Web_Storage_API/Using_the_Web_Storage_API

　各ブラウザにおけるストレージの容量は異なります。PCのみですが比較表を作成しましたので、今後、ストレージを利用した開発を行う際の参考になればと思います。

●各ブラウザのストレージ容量比較（PCのみ）

ブラウザ	localStorageの容量	sessionStorageの容量
Chrome	10MB	10MB
Firefox	10MB	10MB
Safari	10MB	10MB
IE	5MB	5MB

Web Storageはブラウザの機能なので **window** オブジェクトにこの機能を利用するためのプロパティが用意されています。試しにお使いのブラウザの開発者ツールからコンソールを開き、**window.localStorage** と入力して実行してみてください。**Storage {length: 0}** のように、何かしらの表示がされればそのブラウザでは利用可能となります。もしエラーとなった場合は利用できないブラウザなので、上記の主要ブラウザのいずれかを利用してください。

使い方はとてもシンプルで、次の4つのメソッドを使う形となります。

- setItem : 値を保存する
- getItem : 値を取得する
- removeItem : 指定した値を削除する
- clearItem : ストレージのすべての値を削除する

具体的な書き方は、次のようになります。

```
// データを取得
// 保存したことが無い key 名を指定すると null が返される
localStorage.getItem('key')

// データを保存
// key は空文字列 '' でも空オブジェクト {} でも良い
// value を省略するとエラーとなる
localStorage.setItem('key', value)

// データを削除
localStorage.removeItem('key')

// ストレージの初期化
localStorage.clear()
```

上記のように、キー(**key**)の名前を決める必要があり、省略すると **clear** 以外のいずれのメソッドもエラーとなります。また、**valueで指定する値は文字列である点に注意してください**。オブジェクトを指定することもできますが、**getItem()** で取得するとわかりますが、**[object Object]** という文字列で保存されています。具体的に見てみましょう。

```
localStorage.setItem('dummy', { hoge: 'hoge' }))

console.log(localStorage.getItem('dummy'))
// => "[object Object]"
```

これを回避するためによく使われる手法として、、オブジェクトを設定する際に **JSON.stringify()** 、オブジェクトを取得する際に **JSON.parse()** というメソッドがあります。こちらも具体的に見た方が早いと思います。

```
localStorage.setItem('dummy', JSON.stringify({ hoge: 'hoge' }))

console.log(localStorage.getItem('dummy'))
// => "{"hoge":"hoge"}"

console.log(JSON.parse(localStorage.getItem('dummy')))
// => {hoge: "hoge"}
```

　上記のように、**JSON.stringify()** はオブジェクトを文字列に変換してくれます。そのた
め、**localStorage.getItem()** で取得しただけだとただの文字列になってしまうので、
JSON.parse() というメソッドを使ってオブジェクトに戻しています。この2つのメソッドはセット
で使うことが多いので、覚えておいて損はないでしょう。詳しい使い方はMDNを参照してくだ
さい。

- JSON.stringify

  URL https://developer.mozilla.org/ja/docs/Web/JavaScript/
  Reference/Global_Objects/JSON/stringify

- JSON.parse

  URL https://developer.mozilla.org/ja/docs/Web/JavaScript/
  Reference/Global_Objects/JSON/parse

localStorageを用いてデータの永続化

　では上記で学んだlocalStorageを用いて前節のアプリのデータを永続化していきます。編
集するファイルは **state** を一元管理している **todo** コンポーネントのみとなります（これぞリ
ファクタリングの効果!）。ファイルを開き、次のように変更してください。

SAMPLE CODE todo.riot

```
  onBeforeMount(props, state) {
    // ①
+   const beforeTodoState = JSON.parse(localStorage.getItem('todo state'))
-   state.todoList = props.todoList
-   state.nextId = props.nextId
-   state.hasDoneTodo = this.checkDoneTodo()
    // ②
+   if (beforeTodoState !== null) {
+     state.todoList = beforeTodoState.todoList
+     state.nextId = beforeTodoState.nextId
+     state.hasDoneTodo = beforeTodoState.hasDoneTodo
+   } else {
+     state.todoList = props.todoList
+     state.nextId = props.nextId
+     state.hasDoneTodo = this.checkDoneTodo()
+   }
    this.obs = observable(this)
```

```
...

  // ③
+ onUpdated(props, state) {
+   localStorage.setItem('todo state', JSON.stringify(state))
+ },
  checkDoneTodo(updatedTodoList) {
    const todoList = updatedTodoList || this.state.todoList
```

①では、**todo state** というキーでlocalStorageのストレージオブジェクトを取得しています。

②では、初回アクセス時は①のレスポンスは **null** となるので、その場合はデフォルトで与えられる **props** の値をセットしています。**null** ではない場合は保存されていた **todoList** 、**nextId** 、**hasDoneTodo** の値をセットしています。

③については、**state** を更新するとき、必ず画面にも反映する（ **this.update()** をコールする）必要があるので、**onUpdated()** メソッドにてlocalStorageに登録するのが最も手っ取り早いです。

ソースコードの変更はこれで完了となるので、保存して、アプリケーションが再起動できたらいろいろと操作してください。その後、リロードすると直前の状態が復元されると思います！実際にlocalStorageにデータが保存されているか確認するために、次の内容を追記してみてください。

SAMPLE CODE todo.riot

```
  onUpdated(props, state) {
    localStorage.setItem('todo state', JSON.stringify(state))
+   console.log(JSON.parse(localStorage['todo state']))  },
```

保存し、アプリケーションが再起動したら何かしらの操作をしてみてください。次のようにコンソールに表示されていると思います。

●localStorageの確認

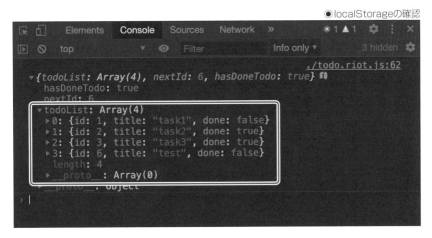

　これは、別のタブを開いてアプリケーションを開いても同様ですが、別のブラウザを開くと復元されません。あくまでストレージはブラウザの機能なので、異なるブラウザ間ではデータの同期をしていないためとなります。

　以上で、本章のTODOアプリの開発はすべて終了です！　ただのTODOアプリといっても、しっかり作り込むと思ったよりも考えることがあり、Webアプリケーション開発で最初に作るものとしては、良いレベル感の題材だったかと思います。次の章ではより実践的なアプリケーション開発に進んでいきます。お疲れ様でした!

CHAPTER 04

Giphy APIを利用した
アプリケーション

この章のゴール

この章では、次のような任意の名前のGIF画像を検索して表示する簡単なアプリケーションを作っていきます。デモアプリも作成してあるので、簡単に触りたい場合は下記のURLにアクセスしてみてください。beta版なので、アクセスが多すぎるとアプリがうまく動かない可能性もありますが、ご了承いただければと思います。

URL https://my-giphy-app.web.app/

アクセスすると、次のように表示されます。

◉Giphyアプリの初期画面

この画面の左上のテキストボックスに任意の文字列を入力します。今回は私の大好きなスポーツである basketball と入力し、Enter キーを押します。すると、次のように basketball の文字にヒットするGIF画像が一覧で表示されます。

◉画像検索結果の表示

これだけの簡単なアプリケーションですが、内部ではさまざまな技術や知識が使われております。この章ではその中でも、最低限本アプリケーション開発に必要な知識を解説しつつ、Riot.jsに慣れていってもらえればと思います！　本章の流れは次のようになります。

- ● HTTP通信
- ● Node.jsとnpmのインストール
  - ○ 開発環境の構築
- ● Giphyの利用
- ● アプリの完成

それぞれ下記で簡単に概要を説明します。

||| HTTP通信

フロントエンド・バックエンド問わず、Webアプリケーションを開発するエンジニアには必須知識の1つとなる**HTTP通信**について説明します。「そもそもHTTPとは何か?」「ブラウザからアクセスし、操作して何かを実行（たとえば先の例のように、テキストフォームに入力し送信）すると、裏ではどんなことが行われているのか?」「レスポンスの値は何を表しているのか?」「その値をどう扱えばいいのか?」など、基礎的なことに触れていくことになるので、もうすでにHTTPについて習得済みの方は読み飛ばしていただいて問題ありません。

この知識は今後のWebアプリケーションでも避けては通れない分野となりますが、そこまで深くは触れず、「最低限これさえ知っていれば開発はできる!」というところだけをさっと学んでいきます。

詳細は141ページで解説します。

||| Node.jsとnpmのインストール

本章の内容であればPlunkerでも開発・実行することは可能となっていますが、すでにCHAPTER 02でも述べたように、実際の開発現場では「バンドラ」を利用して開発していくことがほぼデファクトスタンダードになってきますので、練習も兼ねて本書でも触れておきます。

詳細は145ページで解説します。

||| Giphyの利用

今回は無料で利用できる外部**API(Application Programing Interface)**を提供しているGiphyというサービスを使ってみます。もし、どんなサービスか知らないという場合は公式サイトから簡単に触って遊んでみると、どんなサービスかがわかるかと思います（試しに「cat」とか「dog」で検索してみてください！　とても可愛いGIF画像がいっぱい表示されます!）。

URL https://giphy.com/

　「そもそもAPIとはなんぞや?」という方に向けて、軽くAPIの解説もしつつ、Giphyを導入して使っていきます。また、一度、外部で公開されているAPIを1つでも触れておくと、今後、別のAPIを使う際も見た目(いわゆるインターフェース)は異なるとしても、根本の使い方はほとんど変わらない(GraphQLなど一部例外あり)と思いますので、APIに慣れてもらえればと思います。

　詳細は156ページで解説します。

▌▌▌アプリの完成

　173ページでは、作成したアプリケーションのスタイルを調整し、完成させていきます。メインで使うものはCSSとなりますが、ほとんど基本的なことのみとさせていただきます。Riot.jsでのより実践的なスタイリングにつきましては、CHAPTER 05で説明します。

　それでは、開発に進んでいきましょう!

HTTP通信

では実際にAPIコールをしてみたいと思いますが、APIをコールする前に「HTTPとは?」「サーバーとの通信の仕方とは?」などの疑問があると思いますので、ここではサーバーとのやり取りの仕方の基本である**HTTP通信**について触れてます。あくまで座学になるので、軽く読み進めていただき、途中で疑問になった際に戻るくらいのスタンスでも構いません。

なお、HTTP通信についてはすでに知っている、またはAPIをコールしてみたことがある方は本節はスキップして問題ありません。

||| HTTPとは

HTTP(HyperText Transfer Protocol)とは、名前の最後に**Protocol(プロトコル)**とあるように、Web通信のプロトコルの1つです。プロトコルを一言で表すと、従うべき「取り決め、ルール」ということができます。たとえば、上司に話しかけるときを考えてみましょう。

部下「あの、今話しかけても良いですか?」
上司「良いぞ。」
部下「ありがとうございます。○○案件の件ですが…」

このように、まず話しかけても大丈夫なのか確認してから本題に入る、などのような手順・ルールのことを、ネットワークの世界ではプロトコルと呼びます。もともとは人間同士のやり取りに関する言葉でしたが、現代ではネットワークやソフトウェアにも使われるようになりました。

HTTPも、Webブラウザを使ってWebサイト(厳密にはその先のWebサーバー)にアクセスする場合のルールのことで、HTMLを受け取り表示する際も、コンピュータはこのプロトコルに則った通信をしています。

▶ メソッド

HTTPにもバージョンがありますが、現在の仕様の原型となったのは**HTTP/1.1**といえます。このとき、定義されたメソッドとして次の8つがあります。

- GET
- POST
- PUT
- DELETE
- HEAD
- OPTIONS
- TRACE
- CONNECT

この中で実質リソースの操作に用いられるのは **GET**、**POST**、**PUT**、**DELETE** の4つです。ちなみにこの4つのことを通称**CRUD(Create, Read, Update, Delete)**と呼び、それぞれのメソッドは明確に役割が分けられています。

具体的な使い方を大まかにまとめると、次のように分けることができます。なお、レスポンスのステータスコードについては、人によって考え方や好みが分かれますので、ここでは筆者個人の考えとして優先する方を先に記載しています。

メソッド	役割	レスポンスのステータスコード
GET	取得	200
POST	新規作成	201または200
PUT(またはPOST)	更新	200
DELETE(またはPOST)	削除	204または200

▶ HTTPステータスコード

HTTPステータスコードとは、HTTP通信においてWebサーバーに何かしらのリクエストを送信し、どのようなレスポンスが帰ってきたのかという意味を表現する3桁の数字のことです。**1xx** ～ **5xx** まで定義されており、3桁目の数字それぞれに意味が異なります。調べていただくとわかりますが、とても数が多くすべてを覚えきるのは大変ですし、その必要もないため、よく見るもののみピックアップします。

● 2xx系(Success)

2xx系のステータスコードは、**リクエストされた内容の処理が成功したことを表す**コードとなります。

ステータスコード	ステータス名	説明
200	OK	リクエスト処理が成功し、リクエスト処理に応じた値がレスポンスとして返される。汎用的なコードのため、最も用いられることが多いコードである
201	Created	リクエスト処理が成功し、新しくデータが作成されたことを意味する場合に返される
204	No Content	リクエスト処理は成功したが、レスポンスで特に返すべき値がない場合に返される。削除系のリクエストの場合に用いられることが多い

● 3xx系(Redirection)

3xx系のステータスコードは、**リクエストの完了のために、追加処理が必要であることを表す**コードとなります。

ステータスコード	ステータス名	説明
302	Found	リクエストされたリソースが見つかったが、一時的に「Location」で示されたURLに移動しているときに返される。ブラウザが自動でリダイレクト処理を実行する
304	Not Modified	リクエストされたリソースに何も変更がないため、返送することがないときに返される。この場合、ブラウザでキャッシュされたコンテンツを用いてWebページを表示する

●4xx系（Client Error）

4xx系のステータスコードは、**クライアント側、リクエストを送信する側でエラーがあること**を表すコードとなります。

ステータスコード	ステータス名	説明
400	BadRequest	クライアント側のリクエストが不正であるときに返される。バリデーションのエラーや、存在しないメソッドを使うなどで用いられることが多く、最も目にする4xx系コードでもある
401	Unauthorized	認証されていないリソースにアクセスしたときに返される。代表的な認証方法にBasic認証やDigest認証があり、エラーの際に401となる
403	Forbidden	禁止されているリソースにアクセスするときに返される。たとえば管理画面のURLに一般ユーザーがアクセスするなど（一般的には管理画面はIPアドレスで制限をかけたりしますので、あくまで説明のため）
404	Not Found	リソースが存在しないときに返される。「NFエラー」と言ったりもする。これもよく目にするコードであり、さまざまなWebサイトでは、404専用の画面を用意していたりする（Riot.js公式サイトの404ページ：https://riot.js.org/404）
418	I'm a teapot	「私はティーポッドである」ということを意味する、いわゆるジョークコードで、実際のアプリケーションで使われることはない。ちなみに、Googleが専用のページ（https://www.google.com/teapot）を用意している
429	Too Many Requests	短時間に大量のリクエスト受け取り、サーバーが処理を拒否したときに返される

●5xx系（Server Error）

5xx系のステータスコードは、**サーバー側でリクエスト処理に失敗したことを表す**コードとなります。

ステータスコード	ステータス名	説明
500	Internal Server Error	サーバー内で何らかのエラーが発生した場合に返される。問題の原因は明確ではなく、複数の原因が考えられる
502	Bad Gateway	Webサイトのサーバーとの通状態信にエラーが発生した場合に返される。問題の原因は明確ではなく、複数の原因が考えられる
503	Service Unavailable	サーバーが一時的に利用不可になり、アクセスができないときに返される。429と似ているが、リクエストが殺到し、サーバーが処理不能に陥ったり、サイトがメンテナンス中などで返されることが多い
504	Gateway Timeout	サーバーがゲートウェイまたはプロキシとして機能しているときに、リクエストを完了するために必要な上流のサーバーからのレスポンスを時間内に得られなかった場合に返される。Webサーバー、OS、ブラウザの違いにより文言が異なる場合がある

HTTPステータスコードはWebアプリケーション開発では頻繁に目にするので、あえて覚えようとしなくても大丈夫ですし、都度、確認する形でも問題ないと思います。また、楽しく覚えるためにいろいろな方が擬人化しています。Googleで「ステータスコード　擬人化」で検索すればいろいろとヒットすると思いますので、もし興味がある方は確認してみてください。

||| 非同期通信

非同期通信(Asynchronous)とは、コンピュータ間のネットワークの通信方式の1つで、送信側と受信側が同期的、つまり、お互いの処理を待つことがなく処理をすすめるような通信方式のことです。身近な物事を例にとってみます。

●同期通信：電話

Aさんが何か話し終わったらBさんが話し始め、その間AさんはBさんの話を聞きながら待ち、Bさんが話し終わったらまたAさんが話す。このように、交互に片方ずつ通信処理をする方式。

●非同期通信：料理

お米を研いで炊飯器に入れスイッチを入れる、炊いている間に料理の下拵をする。火にかけて煮込むのを待つ間に洗い物を済ませ、ご飯がたけたら茶碗によそぎ、メインの料理が出来上がったらお皿に盛り付ける。このように、1つの処理が終わるのを待たずに次の処理に移り、前の処理が終わったらまた別の処理をする方式。

APIとの通信をする際、JavaScriptでは非同期通信でサーバーとのやり取りを行います。ここで1つ注意が必要です。プログラミングを経験したことある方は聞いたことがあるかと思いますが、JavaScriptの非同期処理やイベント処理は、**並列処理ではなく並行処理**となります。つまり、人間にはあたかも同時に複数のことを行っているように見えますが、あくまで1つのことを処理しています。

JavaScriptの非同期通信では、前の関数が走っている間に別の関数を実行しますが、前の関数の実行が終わると、今行われている関数が終わったタイミングで前の関数の後処理（ **callback** 、コールバックといいます）が割り込まれます。その後、次の関数がスタートします。図にすると、次のようになります。

●JavaScriptの非同期通信フロー

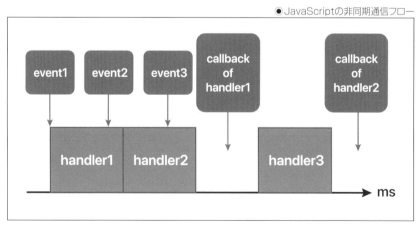

このように、JavaScriptという言語を扱う際は、非同期通信の処理が必須になるので、覚えておいてください。

Node.jsとnpmのインストール

　バンドラを使うための準備として必ずインストールしないといけないものが2つあります。**Node.jsとnpmコマンド**の2つです。Node.jsについては名前を聞いたことがある方も多いと思いますが、一言で言うとブラウザではなく**サーバー上で動くJavaScript**です（ちなみに、PCも1つのサーバーということができます）。

　また、npmについては、紛らわしいですが、2つの意味が存在します。1つは前述の通り「コマンドの名前」を表します。もう1つは「npm」というWebサイト（https://www.npmjs.com/）の名前も表します。このサイトはNode.jsにおけるエコシステムを一元管理しており、世界中のデベロッパーが作成したオープンソースのJavaScript製のモジュールがこのサイトを介してダウンロードし利用できます。

　Node.jsのインストールの方法はいくつかありますが、次の2つが主流です。

- 公式サイトのインストーラを利用
- 「nvm」や「nodenv」などのNode.js のバージョン管理ミドルウェア

　今回は簡単にインストールできる公式インストーラを利用します。バージョン管理ミドルウェアを利用する方法を知りたい方は、本節の終わりに補足として記載しているので参考にしてください。

■ 公式のインストーラを利用

　公式のインストーラを利用する方法はとても簡単で、Node.jsの公式サイトにアクセスし、LTS版か最新版のどちらかのインストーラ（Macは **.pkg** ファイル、Windowsは **.msi** ファイル）をダウンロードして実行し、画面の手順に従ってボタンをクリックしていくだけです。

- Node.jsの公式サイト
  URL https://nodejs.org/ja/

●Node.jsの公式サイト

この際、どちらをダウンロードすればよいかわからない場合は、LTS版を筆者はオススメします。なぜならLTSとは「Long-Term Support」の略で、いわゆる安定版と呼ばれるバージョンになり、問題なく動作することを求めるのであれば、間違いなくこちらのものを利用すべきです。

なお、前ページの画像はMacでアクセスしているので、Mac用のダウンロードページになります（Windowsユーザーの場合はWindows用のページになります）。

また、インストールの手順については画面に従ってボタンをクリックしていくだけなので、省略します。インストールが完了するとNode.jsとnpmが利用できます。

次に**yarn**というモジュールをインストールしておきたいと思います。コマンドラインツール（Macならターミナル、Windowsの場合はコマンドプロンプトかPowerShell）を開いて次のコマンドを実行してください。

```
# グローバルインストール
$ npm i -g yarn

# 確認
$ yarn -v
```

1.19.2 などのようにバージョンが表示されたらインストールできています。yarnはnpmにかわるパッケージマネージャになります。npmコマンドでも事足りますが、yarnの方が便利なため、先にインストールしました。

▌▌▌補足：バージョン管理ミドルウェアを利用する場合

公式のインストーラを利用する以外に、バージョン管理ミドルウェアを利用する方法があります。

「Node.jsのバージョン管理?」と思われた方もいらっしゃると思いますが、Node.js にもバージョンが存在します。今後の開発では、自分たちが作りたいアプリケーションやその開発環境に合わせてnpmからモジュールをダウンロードしていくことになりますが、各モジュールごとにNode.jsが動作するバージョンが異なる場合があります。明示的に「12.16.1じゃないと動作保証していません!」というモジュールもあるかもしれません。そのたびに指定のNode.jsをインストールし直すのはとても手間と時間がかかるので、コマンドを実行してインストールすることに抵抗のない方は、ぜひ、バージョン管理ミドルウェアを利用することをオススメします。

ミドルウェアにもnodenv、nodebrew、nvmなど、いくつかありますが、今回は**nodenv**のインストール方法のみ紹介します。基本的にはインストールの方針は変わらないので、どのミドルウェアを利用するかは適宜、選んでください。

それではインストールしていきます。次のコマンドを実行しますが、完了にはGitがインストールされていることが前提となります。Macの場合はデフォルトでインストールされていると思いますのでそのまま進められますが、Windowsの場合は先にGitをインストールしてあるか確認してください。

```
# nodenv のダウンロード
$ git clone git://github.com/nodenv/nodenv.git ~/.nodenv

# パスを通す
$ echo 'export PATH="$HOME/.nodenv/bin:$PATH"' >> ~/.bash_profile
$ echo 'eval "$(nodenv init -)"' >> ~/.bash_profile

# 確認
$ cat ~/.bash_profile

# 表示内容に以下が含まれていればOK
export PATH="$HOME/.nodenv/bin:$PATH"
eval "$(nodenv init -)"
```

ここでいったんコマンドラインツールを再起動してください。設定を読み込む必要があります。再起動でたら続けて次のコマンドを実行してください。nodenvのプラグインをインストールします。

```
# node-build のダウンロード
$ git clone https://github.com/nodenv/node-build.git ~/.nodenv/plugins/node-build

# nodenv のリロード
$ nodenv init
```

ここまで実行しましたら、Node.jsのLTS版をインストールしましょう。現時点でのバージョンを確認するためには **$ nodenv install -l** を実行すると、次のようにインストールできるバージョンの一覧が表示されます。

```
$ nodenv install -l
...
12.16.1
12.16.2
12.16.3
12.17.0 ←これを利用
13.0.0
13.0.1
13.1.0
13.2.0
13.3.0
...
```

執筆時点でのLTS版の最新バージョンは **12.17.0** なので、それをインストールします。次のコマンドを実行してください。

```
$ nodenv install 12.17.0

$ nodenv rehash

# インストールされたか確認
$ node -v
```

以上でNode.jsのインストールそのものは完了ですが、今後、開発を進めていく上でもう少し環境の設定を整えておきたいと思います。

まずは端末全体のデフォルトのNode.jsバージョンを指定するのと、アプリ内でのバージョンを指定します。次のコマンドを実行してください。

```
# デフォルトのバージョンを指定
$ nodenv global 12.17.0

# アプリ内のバージョンを指定
$ nodenv local 12.17.0
```

ここまで実行すると .node-version というファイルが生成され、中に 12.17.0 と記載されています。nodenvはこのファイルがカレントディレクトリに存在すると、自動でその中に記載されているバージョンのNode.jsを参照するようになります。 .node-version は1プロジェクトだけだと特に恩恵はないように感じますが、今後、複数のプロジェクトで開発したり、チームで開発をしていくとありがたみがわかると思います。

また、146ページと同様にyarnモジュールもインストールしておくと、ライブラリの追加やインストールがより快適になります。

最後に、もう使わなくなったNode.jsを削除する方法ですが、これはとても簡単で、次のように uninstall とそのバージョンを指定するだけです。

```
$ nodenv uninstall 12.17.0
```

その他、nodenvの使い方を知りたかったりコマンドを忘れてしまった場合は、$ nodenv -h を実行するとヘルプが表示されるので、適宜、実行してみてください。

以上でNode.jsとnpmのインストールは終了です。

バンドラを利用した開発環境

ここからは今までのオンブラウザでの実行ではなく、**バンドラ(bundler)**と呼ばれるツールを用いた開発環境を作っていきます。すでに述べているように、バンドラとは名前の通り**複数のファイルをまとめてくれるツール**になります。

そもそもなぜ、バンドラを使うのかというと主に次のようなメリットがあるからです。

- HTMLで読み込むソースファイルを減らせる
- 読み込むソースファイルを圧縮できる
- いろいろなことを自動化できる
- npmのエコシステムの恩恵を受けられる

フロントエンドデベロッパーとしてスキルを身に付けていくには、このバンドラを使いこなすことがほぼ必須と言っても過言ではないので、ここで使えるようになっていきましょう!

バンドラを導入するにはNode.jsとnpmコマンドをインストールすることが必須となるので、インストールがまだの場合は前節を参照してインストールを行ってください。

本書で利用するバンドラは、比較的簡単に導入でき、かつ使い勝手の良い**Parcel**にしたいと思います。では実際にインストール・初期設定・起動していきましょう。

▌Visual Studio Codeの勧め

今まではオンブラウザ環境で開発をしてきましたが、ここからは皆さんのPC(ローカル環境)で開発をしていきます。その際に使うテキストエディタ(以下、エディタ)について少し言及したいと思います。

現代では数多くのエディタが世界中で生み出され、かつそのエディタ固有のプラグインも世界中の開発者の方々によって作られており、自分にとってのベストなエディタ・開発環境を整えることができるようになりました。プログラマの間では、「このエディタが最強だ!」というものは個々人によって異なり、その論争(通称「エディタ戦争」という論争、有名なのはvi vs. Emacs)が勃発したくらいです。

いくつか有名どころエディタを紹介します。

- Visual Studio Code
     (https://azure.microsoft.com/ja-jp/products/visual-studio-code/)
- Atom(https://atom.io/)
- Sublime Text(https://www.sublimetext.com/)

　Visual Studio CodeとAtomは無償で利用できますが、Sublime Textについては継続して利用するためにはライセンスの購入が必要です。これら以外にもIDE（Integrated Development Environment）（日本語に直すと「統合開発環境」）と呼ばれるものもあり、これは拡張されたテキストエディタのことです。有名どころですとEclipse、JetBrains社製のWebStormやPhpStormなどがあります。

　フロントエンド界隈の開発をする上でのエディタについては、異論はあれどほぼデファクトスタンダードといえるようなものがあります。それが、MicroSoft社製のVisual Studio Codeです。デフォルトで他のエディタに比べてかなりの高機能性を誇り、数多くのプラグインによる拡張性も高く、何よりフロントエンドの開発との相性がとても良いです。

　特にこだわりがないのであれば、今すぐこのエディタに乗り換えた方がいいといえるくらいに便利なので、この機会に一度触れてみてください。筆者は2つのエディタを使い分けていますが、フロントエンドの開発をする場合はVisual Studio Codeで開発しています。

▌▌▌Parcelについて

　JavaScriptのバンドラはいくつかありますが、有名なものとしては次の3つがあります。

- Webpack（https://webpack.js.org/）
- Parcel（https://parceljs.org/）
- Rollup.js（https://rollupjs.org/）

　この中で一番利用されているものは**Webpack**でしょう。npmのダウンロード数の比較を可視化してくれる「npm trends」の結果（https://www.npmtrends.com/webpack-vs-parcel-bundler-vs-rollup）を見てもわかるように、ほぼデファクトスタンダードと言っても過言ではないくらいのシェア数を誇ります。

◉「npm trends」のバンドラの比較

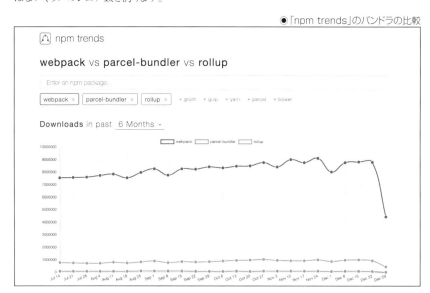

これは、いろいろなフレームワークのボイラープレート（公式が用意した開発環境のひな形）で使われており、各フレームワークのCLIから開発環境を作るとデフォルトでインストールされるからです。有名どころですとAngular、React、Vue.jsという現代の三大JavaScriptフレームワークが利用しており、使い勝手は世界中で認められています。

ですが、今回はWebpackではなく**Parcel**を使っていきます。その理由は、Webpackと比較すると格段に導入が簡単だからです。初期設定もほぼ必要なく、インストールすればそのまま使えるくらい楽です（Webpackの場合は、**webpack.config.js**というファイルを用意し、そこに細かく設定を記述しなければなりません）。

なお、Webpack、Rollupを使った開発環境のサンプルが公式のGitHubリポジトリ（https://github.com/riot/examples）に公開されているので、もし興味あれば参照してください。

▌Parcelのインストール

では早速インストールしていきましょう。次のコマンドを実行してください。

```
# ディレクトリを生成し移動
$ mkdir mySPA && cd mySPA


# package.jsonを生成・初期化
$ yarn init y


# parcel 本体と Riot.js 用プラグインをインストール
$ yarn add -D parcel-bundler @riotjs/parcel-plugin-riot @riotjs/hot-reload


# Riot.js をインストール
$ yarn add riot
```

ここまで実行すると、次のようなディレクトリが生成されていると思います。

```
mySPA
├── node_modules/
├── yarn.lock
└── package.json
```

また、**package.json** には次のように記述されています（versionの数字など、細かい記述は差異があるとは思いますが、問題ないので、無視してください）。

SAMPLE CODE package.json

```
{
  "name": "mySPA",
  "version": "1.0.0",
  "main": "index.js",
  "license": "MIT",
  "devDependencies": {
    "@riotjs/hot-reload": "^4.0.1",
```

▼

```
    "@riotjs/parcel-plugin-riot": "^4.0.1",
    "parcel-bundler": "^1.12.4"
  },
  "dependencies": {
    "riot": "^4.12.4"
  }
}
```

　それでは簡単に「Hello Riot.js!」と表示するだけのアプリを作り、コンパイル・バンドルして
みましょう。まずは **index.html** を作成し、次の内容を記述してください。

SAMPLE CODE index.html

```html
<!DOCTYPE html>
<html lang="en">
  <head>
    <meta charset="UTF-8">
    <meta name="viewport" content="width=device-width, initial-scale=1.0">
    <meta http-equiv="X-UA-Compatible" content="ie=edge">
    <title>Hello Riot.js</title>
    <link rel="stylesheet" href="assets/css/style.css">
  </head>
  <body>
    <div id="app" />
    <script src="src/main.js"></script>
  </body>
</html>
```

　次に作成した **index.html** と同じ階層に **src** というディレクトリを作成します。そしてそ
の中に **main.js** というファイルを作成し、次の内容を記述してください。

SAMPLE CODE main.js

```js
import '@riotjs/hot-reload'
import App from './app.riot'
import {component} from 'riot'

// これでコンポーネントをグローバルに登録とマウントを同時に行っています
component(App)(document.getElementById('app'), {
  title: 'Hello Riot.js!'
})
```

最後に、マウントされる **app.riot** ファイルを **src** ディレクトリと同じ階層に作成し、次の内容を記述してください。

SAMPLE CODE app.riot

```
<app>
  <div class="app-header">
    <img src="https://riot.js.org/img/logo/riot-logo.svg" alt="Riot.js logo" class="logo">
  </div>
  <h1>{ props.title }</h1>

  <script>
    export default {
      onBeforeMount(props, state) {
        // any processing
      }
    }
  </script>
</app>
```

また、スタイリング用のCSSファイルやfaviconなどの画像ファイルを配置するディレクトリも今後は必要になるので、先に構築しておきます。 **index.html** と同じ階層に **assets** というディレクトリを作成し、さらにその下に **img** 、 **css** の2つのディレクトリを作成してください。作成ができたら、下記のURLから32×32pxのfavicon画像をダウンロードし、 **img** ディレクトリに配置してください。

URL https://riot.js.org/favicons/favicon-32x32.png

また、 **css** ディレクトリに **style.css** というファイルを作成し、次の内容を記述してください。

SAMPLE CODE style.css

```
/* アプリケーション全体のスタイリングをするcssファイル */
#app .app-header {
  padding: 10px;
  margin-bottom: 20px;
  border-bottom: 2px solid #999;
}
#app .logo {
  height: 36px;
  margin-bottom: 5px;
}
```

　以上で必要なファイルの作成は完了です。ここまで実行すると、次のようなディレクトリが生成されています（もしGitを使っていない場合は、**.git/** というディレクトリは生成されません）。

```
mySPA
├─── .git/
├─── index.html
├─── node_modules/
├─── package.json
├─── src/
│    ├─── app.riot
│    └─── main.js
├─── assets/
│    ├─── css/
│    │    └─── style.css
│    └─── img/
│         └─── favicon-32x32.png
└─── yarn.lock
```

　では、Parcelを実行し、このアプリケーションを起動させたいと思いますが、もう1つだけ設定をする必要があります。 **package.json** を開き、次のように追記してください。

SAMPLE CODE package.json

```
{
  "name": "mySPA",
  "version": "1.0.0",
  "main": "index.js",
  "license": "MIT",
+ "scripts": {
+   "start": "parcel index.html --open"
+ },
  "devDependencies": {
    "@riotjs/hot-reload": "^4.0.1",
    "@riotjs/parcel-plugin-riot": "^4.0.1",
    "parcel-bundler": "^1.12.4"
  },
  "dependencies": {
    "riot": "^4.12.4"
  }
}
```

ここまで設定できましたら起動してみましょう! 次のコマンドを実行してください。

```
$ yarn start
```

◉Parcelの起動

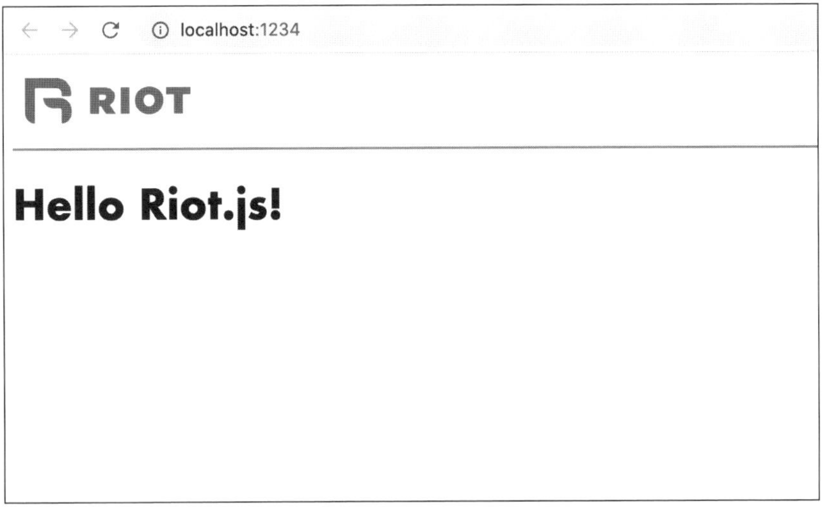
localhost:1234
RIOT
Hello Riot.js!

このように「Hello Riot.js!」と表示されていたら成功です!

ちなみにここで `.cache` と `dist` という2つのディレクトリが生成されていると思います。これらはParcelが自動で生成したディレクトリになります。開発時点ではなくても問題ないため削除してもよいですが、毎回、自動で生成されるので、このまま放置しておくのが無難です。また、**今回作成した開発環境を今後の章のテンプレートとし、これをカスタマイズしていく**ので、どこかに保存しておいてください。

以上でParcelの導入は完了となりますが、今後、Parcelだけにかかわらず、何かしらのバンドラを利用した開発をする上で1つ気を付けたいことがあります。ファイルを新規に追加したら、ソースコードは正しそうなのに画面ではずっとエラーが出つづける、という事象がたまに発生するかもしれません(筆者も見かけることがあります)。その場合は、**画面をリロードするかバンドラを再起動してみてください。**バンドラの停止の仕方は、コマンドラインツール上で `Ctrl + C` キーを押すと停止します。

おそらくは上記の方法で正常に動作すると思うので、困った方は試してみてください。それでは続いて、Giphy APIを利用したアプリケーション開発に進んでいきましょう!

Giphy APIを用いてGIF画像を取得する

HTTP通信について学び終わりましたら、実際に開発に入っていきましょう。

III APIとは？

API(Application Programing Interface)とは、OSやアプリケーションソフト、または
Webアプリケーションが持つ機能の一部を、外部から簡単に利用できるようにするインター
フェースのことです。特に、Webアプリケーション開発で利用されるAPIを「Web Service
API」、より省略して「Web API」ともいわれます。たとえば、今やグローバルスタンダードとなっ
たスマートフォン上のアプリケーションも、アプリ内部ではスマートフォン本体のさまざまな機能(カ
メラやPush通知など)のAPIを利用して動いています。本書ではWebアプリケーションの開発
のみ取り上げているので、今後、APIといえばこのWeb APIのことを指すこととします。代表
的なWeb APIに前節で少し触れましたGoogle社が開発したGoogle Map APIがあります。

APIを利用する際は、各APIごとに決められた規格や仕様に従う必要があります(Giphy
APIの具体的な利用の仕方は後述します)。

余談ですが、一般的にAPIとやり取りする際の言い方として、「コールする」「叩く」という言
い方がよく使われています。

III アカウント作成およびトークンの取得

まずはGiphyサイトで自分のアカウントを作成します。Giphyは無料で利用できるAPIサービ
スではありますが、どのアプリケーションがプロダクション(本番用)のものか判断するため、また
アクティブユーザーがどれくらいいるのかなどを確認するため、ユーザーのアプリケーションご
とにトークン(token)というものが発行されます。このトークンがないとGiphy APIサービスを
使うことができないので、取得していきましょう(公式サイト上で使うことはできます)。

まずは下記の公式サイトにアクセスし、アカウントを新規に作成していきます。

URL https://giphy.com/

後述しますが、実際に利用するAPIのURLはこれとは別ですので、もし先にAPI用のサイト
(https://developers.giphy.com/)にアクセスしている場合は注意してください。では、サイ
トの右上の「Log In」ボタンをクリックしてください。

●Giphyのトップページ

「Log In」ボタンを
クリックする

すると、次のようにログイン画面に遷移するので、先ほどと同様に画面右上の「Join」という
ボタンをクリックしてください。もしアカウントをすでにお持ちの方は、ここは読み飛ばしてしまって
も大丈夫です。

●Giphyへのログイン

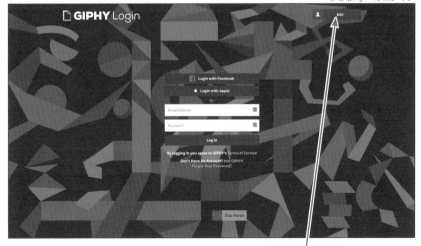

「Join」ボタンを
クリックする

　今度は新規会員登録の画面に遷移したので、画面内一番上の「join with Facebook」ボタンをクリックしてログイン（**Facebookログイン**などといいます）するか、各力節目に入力して一番下の「Sign Up」ボタンをクリックしてください。このとき、reCAPTCHAにチェックを付けることを忘れないでください。この後、人によっては画面が真っ白になる場合があります（筆者もなりました）が、おそらく完了していると思うので、このまま進めてください。

　アカウントの作成が完了したら、念のため、Giphyにログインしてみましょう。先ほどのログイン画面（https://giphy.com/login）に遷移し、ログインしてください。

●Giphyへのログイン後の画面

　このようにSettings画面が表示されましたら問題なく会員が作成されています。もしログインできない場合はパスワードが間違っているか、何らかの事情で登録処理がうまく言っていない可能性があるので、再度、登録するか、公式サイトから問い合わせしてください。

　ではアカウントの作成が完了しましたので、トークンを取得します。下記のAPI用のサイトにアクセスし、Giphyサイトと同様に画面右上か画面中央左の「Get Started」ボタンをクリックしてください。

URL https://developers.giphy.com

●Giphy APIホーム

どちらかの「Get Started」ボタンをクリックする

すると、SDKのページに遷移しますので、画面上部または画面中央左の「Create an App」ボタンか「Login」ボタンをクリックしてログインしてください。

●Giphy APIのSDKのページ

ログインしたら次のような画面が表示されるので、「Create an App」ボタンをクリックしてアプリケーションを作成し、APIキーを発行していきます。

●Giphyへのログイン後

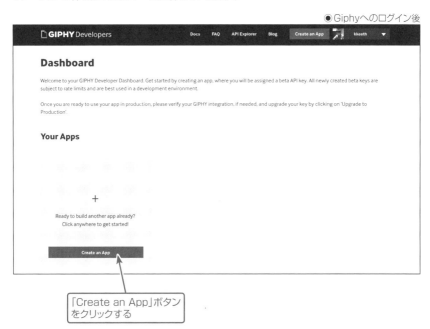

ボタンをクリックするとモーダルが表示されるので、「Select API」ボタンをクリックして「Next Step」ボタンをクリックしてください。SDKをすすめてきますが、今回は単にAPIキーが欲しいだけですのでSDKは不要です。

● Giphy SDK/APIの選択

次に、アプリケーションの名前と説明の入力を求められるモーダルが表示されるので、任意の値を入力し、チェックボックスにONにした上で「Create App」ボタンをクリックしてください。

● Giphyアプリの設定

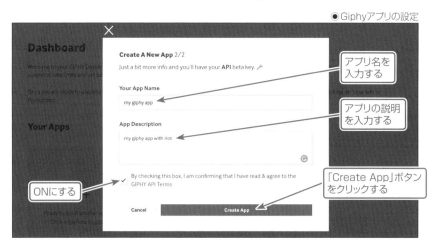

ここまで実行するとアプリケーションが作成され、APIキーが発行されます。画面上の「API Key」の枠に表示されている文字の羅列をこの後のアプリケーションで利用していきます。

●Giphy API Keyの発行

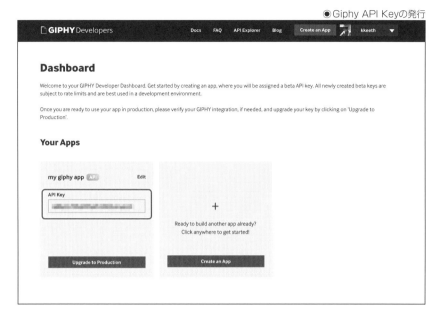

それでは実際に開発に入っていきますが、前述の通りここからはPlunkerなどのオンライン実行環境ではなく、PC上で開発していきます（本書ではParceを利用します）。もし、まだParcelをインストールできていない方は、151ページを参照してインストールしてください。

▋▋ Giphy APIを用いてGIF画像を取得する

まずは検索ボックスから作成していきます。今回は検索ボックスをヘッダー部分に組み込みつつ、スタイリングしていきます。Parcelの開発環境のテンプレートをコピーしアプリを起動しつつ、`main.js`、`app.riot`、`style.css`ファイルを開き、次のように変更してください。

SAMPLE CODE main.js

```
  component(App)(document.getElementById('app'), {
-   title: 'Hello Riot.js!'
+   title: 'Giphygram'
  })
```

SAMPLE CODE app.riot

```
  <div class="app-header">
-   <img src="https://riot.js.org/img/logo/riot-logo.svg" alt="Riot.js logo" class="logo">
+   <div class="header-left">
      <!-- ① -->
+     <img src="https://riot.js.org/img/logo/square.svg" alt="Riot.js logo" class="logo">
+   </div>
```

```
+    <div class="header-right">
+      <h1>{ props.title }</h1>
       <!-- ② -->
+      <Search />
+    </div>
   </div>
-  <h1>{ props.title }</h1>
```

SAMPLE CODE style.css

```
+ body {
+   padding: 1rem 2rem;
+   font-family: Futura, Josefin Sans, sans-serif, Helvetica;
+   background-color: #EFEFEF;
+ }

  #app .app-header {
+   display: flex;
    padding: 10px;
    margin-bottom: 20px;
    border-bottom: 2px solid #999;
  }

- #app .logo {
+ #app .app-header .logo {
-   height: 36px;
    margin-bottom: 5px;
  }

+ #app .app-header .header-right {
+   margin-left: 1.5rem;
+   width: 100%;
+ }
+ #app .app-header h1 {
+   font-size: 3rem;
+   margin: 0 auto 15px;
+ }

  /* ③ */
+ @media (max-width: 375px) {
+   body {
+     padding: 1rem;
+   }
+   #app .app-header h1 {
+     font-size: 2rem;
+     margin-bottom: 5px;
+   }
```

```
+    #app .app-header .logo {
+      width: 70px;
+      margin-top: 5px;
+    }
+  }
```

①では、読み込むロゴ画像を「RIOT」の文字入りのものから、文字なしの正方形のロゴ画像に変更しています。

②では、画像を検索するための入力フォーム用に、後ほど作成する search コンポーネントを配置しています。

③では、簡易的ですが、レスポンシブ対応として横幅375px以下のモバイル用の表示のスタイリングもしています。

次に検索するための画像名の入力フォームのコンポーネントを作成します。 src フォルダ配下に components フォルダを作成し、その中に search.riot ファイルを作成てください。そのファイルを app.riot で読み込みます。

SAMPLE CODE app.riot

```
  <script>
+   import Search from './components/search.riot'
+
    export default {
+     components: {
+       Search
+     },
      onBeforeMount(props, state) {
        // any processing
      }
    }
```

```
----
  <script>
    export default {
      onMounted() {
        this.$('input').focus()
      },
      search(e) {
        e.preventDefault()
      }
    }
  </script>
```

次に、簡単にマークアップとスタイリングをしていきます。次の内容を追記してください。

SAMPLE CODE search.riot

```
<search>
  <form onsubmit={ search }>
    <input placeholder="Search Giphys" name="search">
  </form>

  <script>
    export default {
      onMounted() {
        this.$('input').focus()
      },
      search(e) {
        e.preventDefault()
      }
    }
  </script>

  <style>
    input {
      line-height: 1.5rem;
      width: 100%;
      padding: 5px;
    }

    input:focus {
      border-color: #008080;
      outline: none;
    }

    input::placeholder {
      font-weight: 100;
      font-style: italic;
    }
  </style>
</search>
```

ここまでできたら、保存して画面を確認してください。次のように表示されていると思います。

●PC画面のヘッダー

●スマートフォン画面のヘッダー

では次に、Giphy APIをコールするコアロジックを実装していきます。ここで、コールする際に **axios** というモジュールを利用するので、それをインストールします。コマンドラインツールで次のコマンドを実行してください。

```
$ yarn add axios
```

インストールが完了したら、ドキュメントルート直下に **utils** ディレクトリを作成し、その中に **api.js** というファイルを作成してください。そして、次の内容を追記してください。

SAMPLE CODE api.js

```
// ④
import axios from 'axios'

const searchGifs = (query) => {
  // ⑤
  // API key
  const key = "ここに Giphy API のキーを設定"
  // base URL
  const baseUrl = "https://api.giphy.com/v1/gifs/search"
  // limit
  const limit = 25
  // API request URL
  const reqUrl = `${baseUrl}?api_key=${key}&q=${query}&limit=${limit}rating=G`

  // ④
  axios
    .get(reqUrl)
    .then(({ data: res }) => {
      console.log(res)
    })
}

export default searchGifs
```

④では、非同期通信用の **axios**（https://www.npmjs.com/package/axios）というモジュールを読み込み、**reqUrl** を用いてGiphy APIからデータを取得しています。データはJSON（JavaScript Object Notation）という形式で返されます。返されるデータのオブジェクトのキーが **data** となっているので、引数でオブジェクト型で受け取り、**res** という変数にセットしています。また、取得したデータの形式は **JSON** ですが、厳密には **Promise** というオブジェクトで返され、それを **then** というメソッドで受け取ることでデータを取得することができ、また、**catch** というメソッドでエラーハンドリングができます（ **catch** については次節で触れます）。 **Promise** はJavaScriptの主要な機能の1つですが、少し難しいため、今はこのような書き方をすると思ってください。もし詳しく学びたい方は下記のURLが参考になるので参照してみてください。

> URL https://developer.mozilla.org/ja/docs/Web/JavaScript/
> Reference/Global_Objects/Promise

⑤では、Giphy APIで発行した個人用のキーをここに設定します。後ほど変更しますが、いったんこのまま進めます。

axios を使わずにES2015の機能である **fetch()** というメソッドを使用することでも非同期通信ができます。従来（ES5以前）は **XMLHttpRequest** という手法がデファクトスタンダードでしたが、いささかコードの記述量が多く、かつコールバックの処理に手間がかかっており、**axios** などのモジュールが生まれました。しかし、**fetch()** は **XMLHttpRequest** に比べてかなり簡単に書けますし、その他のモジュールと遜色ない簡潔さで書くこともできるので、JavaScript標準の機能で実装したい方はこちらがオススメです。

SAMPLE CODE api.js

```
- import axios from 'axios'

  ...

- axios
-   .get(reqUrl)
-   .then(({ data: res }) => {
-     console.log(data)
-   })
+ fetch(reqUrl)
+   .then(res => {
+     return res.status === 200
+       ? res.json()
+       : null
+   })
+   .then(data => {
+     console.log(data)
+   })
```

　ただ1点だけ注意が必要なのが、IE（Internet Explorer）ではこの機能が対応していません。どのブラウザが何の機能を実装しているかを確認する際によく使われる「Can I Use」というサイトで確認できます。IEを対象とする場合は、**XMLHttpRequest** を使うか、**axios** という便利なモジュールを使ってください。

- Can I Use

  `URL` https://caniuse.com/#search=fetch

　では、作成した **api.js** を読み込み、実行する処理を追加します。 **search.riot** を次のように変更してください。

SAMPLE CODE search.riot

```
  <script>
    // ⑥
+   import searchGifs from '../../utils/api'
+
    export default {
      onMounted() {
        this.$('input').focus()
      },
      search(e) {
        e.preventDefault()
+
+       // ⑥
+       searchGifs(e.target.search.value)
      }
    }
  </script>
```

　⑥では、先ほど作成したGiphy APIにGIF画像のリストを取得するリクエストを投げるためのモジュールである **api.js** を読み込んでいます。このモジュールの **searchGifs()** という関数を用いて、入力フォームに入力されたテキストと一緒にデータを取得しています。

　ここまで実装できたら保存し、実際に動かしてGIF画像のデータが取得できているか確認してみましょう。画面の入力フォームに「cat」などの適当な言葉を入力して **Enter** キーを押してください。その後、ブラウザの開発者ツールからコンソールを開き、**console(data)** の中身を確認してみましょう。

04

Giphy APIを利用したアプリケーション

●GIF画像のデータ取得結果

```
                                        riot.esm.js:2636
▼{data: Array(25), pagination: {…}, meta: {…}} 🔖
  ▼data: Array(25)
   ▶0: {type: "gif", id: "gw3IWyGkC0rsazTi", url…
   ▶1: {type: "gif", id: "r7riLSvkCAgSI", url: "…
   ▶2: {type: "gif", id: "l3V0H7bYv5ML5TOfu", ur…
   ▶3: {type: "gif", id: "Zp3dDTwtkKKU8", url: "…
   ▶4: {type: "gif", id: "j5g4F9QLJi3cI", url: "…
   ▶5: {type: "gif", id: "8FNlmNPDTo2wE", url: "…
   ▶6: {type: "gif", id: "SQiOu6lbG8bn2", url: "…
   ▶7: {type: "gif", id: "7bXJ4tRBV9AkM", url: "…
   ▶8: {type: "gif", id: "Ox0y9U9i96vcY", url: "…
   ▶9: {type: "gif", id: "7MZ0v9KynmiSA", url:…
   ▶10: {type: "gif", id: "12vJgj7zMN3jPy", url…
   ▶11: {type: "gif", id: "bMoMuUUUbff2g", url:…
   ▶12: {type: "gif", id: "PHMMfUfupmNGM", url:…
   ▶13: {type: "gif", id: "geozuBY5Y6cXm", url:…
   ▶14: {type: "gif", id: "xT1XGWGd90BrYwnTL6", …
   ▶15: {type: "gif", id: "uE5KxuCdQY1nG", url:…
   ▶16: {type: "gif", id: "gw3EQMe9rugnpcd2", ur…
   ▶17: {type: "gif", id: "gw3Ispbp1V4x2y52", ur…
   ▶18: {type: "gif", id: "PXuINbwoyq80g", url:…
   ▶19: {type: "gif", id: "LWpda3km2FA3u", url:…
   ▶20: {type: "gif", id: "JVmYAO3MkGNiM", url:…
   ▶21: {type: "gif", id: "BNp4TS3SJVNpC", url:…
   ▶22: {type: "gif", id: "sga2ooUIN30jC", url:…
   ▶23: {type: "gif", id: "2FazcyFAiScx5mVQ4", U…
   ▶24: {type: "gif", id: "LAKj8u8DlhXG", url:…
    length: 25
   ▶__proto__: Array(0)
  ▶pagination: {total_count: 8782, count: 25, of…
  ▶meta: {status: 200, msg: "OK", response_id: "…
  ▶__proto__: Object
```

　このように25件のデータが取得できていると思います。後は取得したデータを用いて、画面に表示していきますが、ここで1つ修正しておきたいことがあります。

　前述の⑤にて、Giphy APIキーを直接、記述していましたが、実際のアプリケーション開発では、このまま本番サーバーにアップロードして運用してしまうと、ブラウザの画面からGiphy APIキーを閲覧することができてしまいます。今回はまだ無料枠のGiphy APIなので、個人情報を盗まれたり大量アクセスによる高額請求が来たりすることはありませんが、別のAPIを利用している場合は問題になります。したがって、このキーを画面からは見えないように秘匿情報にしてしまいましょう。

　まずは新しく **dotenv** というモジュールを1つインストールしたいと思います。ターミナルやコマンドプロンプトなどのコマンドラインツールで次のコマンドを実行してください。

```
# yarn をインストール済みの方
$ yarn add dotenv

# yarn をインストールしていない方
$ npm i -S dotenv
```

　インストールできたら、**api.js** を次のように変更し、新たにドキュメントルートに **.env** ファイルを作成してGiphy APIキーを追記してください。

SAMPLE CODE api.js

```
+ import dotenv from 'dotenv'
+ dotenv.config()
  const searchGifs = (query) => {
    // API key
- const key = "ここに Giphy API のキーを設定"
+ const key = process.env.API_KEY
```

SAMPLE CODE .env

```
API_KEY=ここに Giphy API のキーを設定
```

ここまで記述できたら保存し、ブラウザの「Sources」というタブから「▶」をクリックして展開し、「utils」→「api.js」をクリックしてソースコードの中を見てください。

●api.jsのソースコード

「Sources」タブをクリックする

「utils」の中の「api.js」をクリックする

画面上でも `process.env.API_KEY` となっていることがわかると思います。この仕組みを用いれば、`API_KEY` 以外の値で秘匿情報にしたいものも同様に `.env` ファイルに含めてしまえばよくなりました。

では最後に取得したデータを画面に表示したいと思いますが、ここで `@riotjs/observable` が必要になるので、先にインストールします。コマンドラインツールから次のコマンドを実行してください。

```
$ yarn add @riotjs/observable
```

インストールが完了したら、`api.js` 、`app.riot` 、`search.riot` を開き、次のように変更してください。

SAMPLE CODE api.js

```
-   axios
+   return axios
      .get(reqUrl)
      .then(({ data: res }) => {
-       console.log(res)
+       return res.data
      })
    }

    export default searchGifs
```

SAMPLE CODE app.riot

```
    <div class="header-right">
      <h1>{ props.title }</h1>
-     <Search />
+     <Search observable={obs} />
    </div>

    ...

    <script>
      import Search from './components/search.riot'
+     import observable from '@riotjs/observable'

      export default {
        components: {
          Search
        },
        onBeforeMount(props, state) {
-         // any processing
          // ⑦
+         this.obs = observable()
        }
```

SAMPLE CODE search.riot

```
      searchGifs(e.target.search.value)
        // ⑧
+       .then(data => {
+         e.target.search.value = ""
+         this.props.observable.trigger('show gifs', data)
+       })
      }
```

⑦では、observable のインスタンスを生成しています。今回は app.riot ではイベント
ハンドラを作成しないため、引数は空となっています。

⑧では、observable を用いて、取得したJSONデータを引数に show gifs イベントを
発火しています。このイベントを受け取り、処理するコンポーネントについてはこの後で実装し
ます。データを取得できたら入力フォームの値を初期化しています。

では、取得したJSONデータを表示するための result コンポーネントを作成していきます。
このコンポーネントにて show gifs イベントを受け取り、引数に渡されたJSONデータを用い
て画面にGIF画像の一覧をレンダリングします。では components ディレクトリ内に result.
riot ファイルを作成し、次の内容を追記してください。

SAMPLE CODE result.riot

```
<result>
  <h2>Search Results</h2>
  <ul>
    <!-- ⑨ -->
    <li each={ gif in gifsJson } key={ gif.id }>
      <img src={ gif.images.downsized.url } alt={ gif.title } />
    </li>
  </ul>

  <script>
    export default {
      onMounted(props) {
        // ⑩
        props.observable.on('show gifs', response => {
          this.gifsJson = response
          this.update()
        })
      }
    }
  </script>
</result>
```

⑨では、受け取ったJSONデータをもとに each ディレクティブでループを回し、`<li>` タグ
で1つひとつのデータを表示しています。49ページでも述べましたが、同じ検索結果だとループ
の高速化が望めるので key 属性でGIF画像データの id をセットしています。

⑩では、props で @riotjs/observable のインスタンスを observable という名前
で渡されるので、こちらを利用して show gifs というイベントを受け取り、引数のJSONデー
タをもとに画像を画面にレンダリングしています。厳密には `<img>` タグの src 属性にセットし
ているのみなので、レンダリング後に各々のGIF画像をGiphyから取得しています。

コンポーネントを作成したので、アプリケーションで読み込む設定が必要になります。

SAMPLE CODE app.riot

```
      <Search observable={obs} />
    </div>
  </div>
+ <div class="app-body">
+   <Result observable={obs} />
+ </div>

  <script>
    import Search from './components/search.riot'
+   import Result from './components/result.riot'
    import observable from '@riotjs/observable'

    export default {
      components: {
-       Search
+       Search,
+       Result
      },
```

ここまで変更できたら保存し、アプリケーションの再起動後に任意の文字列で検索を実行してみてください。次の画像のようにGIF画像が25件表示されます。もし開発中のネットワーク環境が遅いとなかなか画像が表示されないかもしれません。

●「bird」という単語で検索したGIF画像の一覧

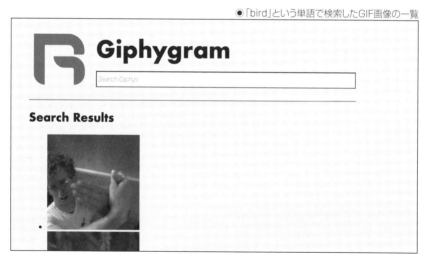

以上でGiphy APIをコールしてJSONデータを取得してGIF画像を表示することができました。コアとなるのは **axios** か **fetch()** という機能を使うところ、また取得したデータは **Promise** オブジェクトで返ってくるため、**then-catch** でハンドリングをする必要があることは覚えておいてください。次節でエラーハンドリング・スタイリングを調整し、アプリケーションを完成させたいと思います。

アプリの完成

前節まででアプリケーションのメインの機能は実装できました。最後にエラーハンドリング・スタイリングを調整し、アプリケーションを完成させていきます。

▌▌▌ データ取得中はスピナーを表示する

現状では、Giphy APIからGIF画像のデータを取得して表示するまで真っ白な画面が表示されてしまいます。これではユーザー体験がよくないため、現在通信中であることを明示するためによく使われる**スピナー**を表示したいと思います。やり方は大きく2つあり、1つはローディング用のGIF画像を表示する方法で、もう1つはHTML/CSSを用いてスピナーを実装する方法です。どちらもメリット・デメリットがありますが、今回は後者のHTML/CSSを使う方で実装します。コンポーネントに慣れる意味もありますし、スピナーを自分で拡張もできるメリットもあります。

この方法を選択した場合に、よく使われるオープンソースの**SpinKit**というツールキットが公開されています。本書でもこのツールを利用します。

- SpinKit
  URL https://tobiasahlin.com/spinkit/

上記のURLにアクセスすると、いくつかのキットが用意されています。今回は2番目のキットを利用します。もちろんお好きなものを使って問題ありませんが、この後に出てくるコードとの差異が出てくるので、もし別のスピナーを選択される場合は、ご自分で差異を補填してください。

では `components` ディレクトリに `spinner.riot` というファイルを作成し、SpinKitの画面上部に表示されている「< >Source」をクリックして表示されるソースコードを、次のように追記してください。

SAMPLE CODE spinner.riot

```
<spinner>
  <div class="sk-chase">
    <div class="sk-chase-dot"></div>
    <div class="sk-chase-dot"></div>
    <div class="sk-chase-dot"></div>
    <div class="sk-chase-dot"></div>
    <div class="sk-chase-dot"></div>
    <div class="sk-chase-dot"></div>
  </div>

  <style>
    .sk-chase {
      width: 40px;
      height: 40px;
      position: relative;
```

```
    animation: sk-chase 2.5s infinite linear both;
}

.sk-chase-dot {
  width: 100%;
  height: 100%;
  position: absolute;
  left: 0;
  top: 0;
  animation: sk-chase-dot 2.0s infinite ease-in-out both;
}

.sk-chase-dot:before {
  content: '';
  display: block;
  width: 25%;
  height: 25%;
  background-color: #fff;
  border-radius: 100%;
  animation: sk-chase-dot-before 2.0s infinite ease-in-out both;
}

.sk-chase-dot:nth-child(1) { animation-delay: -1.1s; }
.sk-chase-dot:nth-child(2) { animation-delay: -1.0s; }
.sk-chase-dot:nth-child(3) { animation-delay: -0.9s; }
.sk-chase-dot:nth-child(4) { animation-delay: -0.8s; }
.sk-chase-dot:nth-child(5) { animation-delay: -0.7s; }
.sk-chase-dot:nth-child(6) { animation-delay: -0.6s; }
.sk-chase-dot:nth-child(1):before { animation-delay: -1.1s; }
.sk-chase-dot:nth-child(2):before { animation-delay: -1.0s; }
.sk-chase-dot:nth-child(3):before { animation-delay: -0.9s; }
.sk-chase-dot:nth-child(4):before { animation-delay: -0.8s; }
.sk-chase-dot:nth-child(5):before { animation-delay: -0.7s; }
.sk-chase-dot:nth-child(6):before { animation-delay: -0.6s; }

@keyframes sk-chase {
  100% { transform: rotate(360deg); }
}

@keyframes sk-chase-dot {
  80%, 100% { transform: rotate(360deg); }
}

@keyframes sk-chase-dot-before {
  50% {
    transform: scale(0.4);
  } 100%, 0% {
```

```
      transform: scale(1.0);
    }
  }
  </style>
</spinner>
```

このファイルを読み込み、レンダリングする必要があります。「このコンポーネントをどこで表示するのがよいか?」という疑問が出てきますが、これは result コンポーネントで表示・制御するのがよさそうですので、こちらに配置していきます。

SAMPLE CODE result.riot

```
  <result>
    <h2>Search Results</h2>
+   <Spinner />

...

  <script>
+   import Spinner from './spinner.riot'
+
    export default {
+     components: {
+       Spinner
+     },
      onMounted(props) {
```

この状態で画面に表示すると、スピナーの色が白(#fff)となっていて見にくいので、色を変えましょう。今回は筆者の好きな青緑(#008080)にしましたが、お好きな色に変更してみてください。また、現状は画面左寄せになっているので、中央に移動させましょう。

SAMPLE CODE spinner.riot

```
  .sk-chase {
+   margin: 8rem auto;
    width: 40px;
    height: 40px;

...

  .sk-chase-dot:before {
    content: '';
    display: block;
    width: 25%;
    height: 25%;
-   background-color: #fff;
+   background-color: #008080;
    border-radius: 100%;
```

```
animation: sk-chase-dot-before 2.0s infinite ease-in-out both;
}
```

　ここまで変更できると、次のようにスピナーが表示されていると思います。

●スピナーの表示

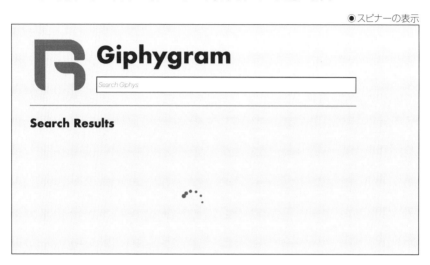

　スピナーを表示することができたので、次は常にスピナーを表示するのではなく、API通信している間のみ表示するように修正していきます。

SAMPLE CODE search.riot

```
  search(e) {
    e.preventDefault()
    // ①
+   const obs = this.props.observable
+
    // ②
+   obs.trigger('start searching')

    searchGifs(e.target.search.value)
      .then(data => {
        e.target.search.value = ""
        // ①
-       this.props.observable.trigger('show gifs', data)
+       obs.trigger('show gifs', data)
      })
  }
```

　①では、**this.props.observable.xxx** と書くのが冗長なため、別途、変数に格納し、短く書けるようにしました。

　②では、**search()** メソッドがコールされたら、スピナーを表示する必要があるので、**start searching** イベントを発火しています。

SAMPLE CODE result.riot

```
  <result>
    <h2>Search Results</h2>
-   <Spinner />
    <!-- ③ -->
+   <Spinner if={ isLoading } />

...

  onMounted(props) {
-   props.observable.on('show gifs', response => {
    // ④
+   const obs = props.observable
    // ⑤
+   obs.on('start searching', () => {
+     this.isSearching = true
+   })
    obs.on('show gifs', response => {
      this.gifsJson = response
      this.update()
    })
-   }
+   },
    // ⑥
+   onBeforeUpdate() {
+     this.isSearching = false
+   }
```

③では、**spinner** コンポーネントの表示/非表示を判定するフラグを追加しています。初期値を設定しないと **undefined** がセットされるため、自動的に非表示となります。

④では、①と同様に、何度も **props.observable.xxx** と書くのが冗長なため、別途、変数を用意しました。

⑤では、**search** コンポーネントで発火された **start searching** イベントを受け取り、スピナーの表示/非表示のための **isSearching** フラグを **true** に変更しています。

⑥では、**show gifs** イベントを受け取るとGIF画像のレンダリングが行われますが、その際に **this.update()** メソッドがコールされます。その更新処理直前に **isSearching** フラグを **false** に変更し、レンダリングを行うようにしています。

以上で、データ取得中にスピナーを表示する実装は完了です。

177

ⅢⅠ エラーハンドリング

次は、データ取得中にネットワークのエラーが発生したときの処理や、そもそも入力がなけれ
ば **Enter** でAPIをコールしないようにするなどのエラーパターンの処理を追加していきたいと
思います。

まずは簡単な方の、「入力がなければ検索させなくする」実装をしていきます。CHAPTER
03で作成したTODOアプリでも一度、実装しているので、何をやるのかはイメージしやすいか
もしれませんね。

SAMPLE CODE search.riot

```
  search(e) {
    e.preventDefault()

+   if (e.target.search.value === '') {
      // ここでエラー時の処理をする
+   }
```

エラーが起きた場合、それがどのような内容であるにせよユーザーに知らせる必要がありま
す。今回はオーソドックスに赤いエラーメッセージをフォームの下に表示する方法で実装してい
きたいと思います。

まずはエラーメッセージ表示用の **error-message** コンポーネントを作成していきたいと思
います。 **components** ディレクトリに **error-message.riot** というファイルを作成し、次
の内容を追記してください。

SAMPLE CODE error-message.riot

```
<error-message>
  <p class="message">{ message }</p>

  <script>
    const serverError = '予期せぬエラーが発生しました。時間をおいて再度お試しください。',
        validationError = '画像名を入力してください。'

    export default {
      onBeforeUpdate(props) {
        if (props.responseStatus === 500) {
          this.message = serverError
        } else if (props.responseStatus === 400) {
          this.message = validationError
        } else {
          this.message = ''
        }
      }
    }
  </script>
```

▼

```
  <style>
    .message {
      color: #F03030;
    }
  </style>
</error-message>
```

今回の error-message コンポーネントは、status という名前で httpStatus という変数（中身はHTTPステータスコード）を props として受け取ります。この値が 500 ならサーバーエラー用の文言を、400 ならバリデーション用のエラーを、それ以外ならエラーではないので空をセットしています。

なお、本来であれば、エラーメッセージは別のファイルにまとめていたり、またはエラー内容を props 経由で渡し、動的に変更できるように実装するのが正しいですが、今回はわかりやすさのためにエラーメッセージは固定にしました。

作成できたら、それを読み込みます。

SAMPLE CODE search.riot

```
  <form onsubmit={ search }>
    <input placeholder="Search Giphys" name="search">
  </form>
  <!-- ⑦ -->
+ <error-message responseStatus={ httpStatus } />

  <script>
+   import ErrorMessage from './error-message.riot'
    import searchGifs from '../../utils/api'

    export default {
+     components: {
+       ErrorMessage
+     },
+     onBeforeMount() {
+       // ⑧
+       this.httpStatus = 100
+     },
      onMounted() {
        this.$('input').focus()
      },
      search(e) {
        e.preventDefault()
        if (e.target.search.value === '') {
          // ⑨
+         this.httpStatus = 400
+         this.update()
+         return
```

```
        }
        const obs = this.props.observable

        obs.trigger('start searching')

        searchGifs(e.target.search.value)
          .then(data => {
-           e.target.search.value = ""
            // ⑩
+           this.httpStatus = 200
            obs.trigger('show gifs', data)
          })
+         .catch(e => {
            // ⑪
+           console.log(e)
+           this.httpStatus = 500
+         })
          // ⑫
+         .then(() => {
+           this.clearText(e.target.search)
+           this.update()
+         })
+       },
        // ⑬
+       clearText(target) {
+         target.value = ''
        }
      }
```

⑦では、**error-message** コンポーネントを配置しています。 **props** として **httpStatus** という変数を **status** というキー名で渡しています。

⑧は、**httpStatus** の初期値です。まだ通信の最初なので **100 Continue** が適切ですが、今回の実装ではここは **400**、**500** 以外であれば何が入っても問題ありません。

⑨では、何も入力していない場合は、バリデーションエラーとなるので **httpStatus** には **400** をセットします。その後、エラーメッセージを表示するために、**this.update()** メソッドを実行しています。

⑩では、問題なくデータが取得できているので、**200 OK** となりますが、指定しなくても問題ありません。ただ明示的に成功であることを **error-message** コンポーネントに教えています。

⑪では、ネットワークやサーバーのエラーは **catch()** メソッドで検知します。実際の開発では **catch()** メソッドの引数 **e** にエラー内容が含まれているので、この値をもとにエラー時の処理をしますが、今回は簡単にコンソールに出力するのみとします。ここでは **this.update()** を実行しません。

⑫では、then() と catch() のメソッドチェーン（メソッドが . でつながれているのでこのように呼びます）の最後の then() メソッドは、成功時もエラー時も必ず最後に呼ばれるので、ここで this.update() を実行することで1回の記述で済みます。また、検索が実行されたら、入力フォームは初期化したいので、こちらもここで記述しています。

⑬では、入力フォームの初期化処理が、同じコンポーネントに複数回登場することになるので、新たにメソッド化しました。

ここまで更新できたら保存し、アプリケーションが再起動されたら操作してみてください。次のようにエラーメッセージが表示されると思います。

◉ 入力なしの場合のエラーメッセージ

◉ サーバーエラー時のメッセージ

▌ 簡単にスタイリング

では最後に、このアプリケーションのデザインを調整して行きます。現状は縦一列に並んでしまっているのでこれを調整するのと、リストの「・」が表示されてしまっているので、これを削除します。

ここで、Giphy APIから取得した各GIF画像データの images 中身を見てみると、いろいろなサイズ形式が用意されています。現状のアプリケーションでは downsized を指定していますが、他にも使えそうな形式がたくさんあります。特に fixed_xxx 系のオプションがスタイリングもしやすく、扱いやすそうです。今回は縦幅固定の fixed_height を使います。Giphy APIの公式ドキュメントに詳しく記載があるので、あわせて参照してください。

URL https://developers.giphy.com/docs/api/schema#gif-object

result.riot ファイルを開き、次のように変更してください。モバイルでは、縦一列で中央揃え、コンテンツ幅いっぱいに広がるように調整しています。

SAMPLE CODE result.riot

```
  <ul>
    <li each={ gif in gifsJson } key={ gif.id }>
-     <img src={ gif.images.downsized.url } alt={ gif.title } />
+     <img src={ gif.images.fixed_height.url } alt={ gif.title } />
    </li>
  </ul>

...

  </script>

+ <style>
+   ul {
+     padding: 0;
+   }
+   li {
+     display: inline;
+     list-style: none;
+     line-height: 0;
+   }
+   img {
+     margin: 5px;
+   }
+   @media (max-width: 375px) {
+     ul {
+       text-align: center;
+     }
+     img {
+       width: 285px;
+     }
+   }
+ </style>
```

　ここまでできたら保存してアプリケーションを再起動し、画像を検索してみてください。次のように、1画面に収まる限りの画像が表示されていると思います。

●スタイリング後の「bird」画像のリスト（PC）

●スタイリング後の「bird」画像リスト（スマートフォン）

　以上で、本章のGiphy APIを用いた画像検索アプリケーションの開発は終了となります。まだGiphy APIにはさまざまなオプション機能があるので、ドキュメントを見ながら拡張して遊んでみてもよいかもしれません。今回は触れませんでしたが、レスポンスのパラメータに **pagination** というものがあるので、最初の25件だけでなく、最後の25件だけを取得することもできますし、文字通りページネーション機能を実装してみても面白いと思います。ぜひ、Giphy APIだけでなく、他のAPIサービスを利用していろいろなアプリケーションを開発してみてください！　参考までにいくつか面白いAPIのリンクを載せておきます。

- SWAPI(Star Wars API) : https://swapi.co/
- OpenWeather API : https://openweathermap.org/api
- Instagram API :

    https://developers.facebook.com/docs/instagram-basic-display-api
- SUNTORY BAR-NANI API : http://bar-navi.suntory.co.jp/
- Connpass API : https://connpass.com/about/api/

Web ComponentsとRiot.js～コラム②

Riot.js の特徴の1つである「ヒューマン・リーダブル」ということについて、平たく言うと読みやすさや可読性になりますが、これはWeb標準にできるだけ沿うことで成り立っています。ここまでお読みいただいた読者の中でご存知の方はお気付きかもしれませんが、「**Riot.jsじゃなくてWeb Components**でいいんじゃないの?」という疑問が浮かんでくるかもしれません。実際にRiot.jsのことを「Web ComponentsのようなUIライブラリ」と評される方もいらっしゃいます。

▌▌▌ Web Componentsとは

Web Components(https://www.webcomponents.org/introduction)とは、**WebプラットフォームのAPI、一種のテクノロジーのことで、再利用可能なカスタム要素(HTMLタグや、本書で取り扱っているコンポーネントのこと)を作成し、ウェブアプリの中で利用するためのもの**です。具体的には、次の4つの仕様から成り立ちます。

▶ カスタム要素

カスタム要素は、新しいタイプのDOM要素を設計し、使用するための基礎となります。

▶ Shadow DOM

Shadow DOMは、Web Componentsでカプセル化されたスタイルとマークアップを使用する方法を定義します。

▶ ES Modules

ES Modulesは、標準ベースのモジュール式のパフォーマンスの高い方法でJavaScriptドキュメントをインクルードおよび再利用することを定義します。

▶ HTMLテンプレート

HTMLテンプレートは、ページのロード時には使用されず、実行時にあとでインスタンス化できるマークアップのフラグメントを宣言する方法を定義します。

これらを簡単にいうと、現代のJavaScriptフレームワークの世界でデファクトスタンダードとなった「コンポーネント指向」を標準のHTMLの世界にも実現しよう、ということです。本書でも触れましたUIフレームワークのIonicもWeb Componentsに則ってversion5が開発されました。それにより従来はAngular依存だったのがReact、Vue.jsも利用できるように拡張されました。

詳しくは公式サイトのドキュメントか、MDNの記事がわかりやすいので参照してください。MDNにはチュートリアルも用意されているので、もし興味がある場合はアクセスして手を動かしてみてください。

URL https://developer.mozilla.org/ja/docs/Web/Web_Components

また、Web Componentsを勉強していくと次のことに気付くかと思います。

- <template>や<slot>といったHTMLタグ
- isオプション
- :hostといったCSSの擬似クラス
- document.createElement()といったメソッド(Riot.js本体のソースコードで使われています)

既視感にあふれていると思いませんか？　そうです、Riot.jsでも使われているものばかりなのです。このように、Riot.jsはWeb Componentsに寄せて作られていることがわかります。

▌▌▌ Riot.jsの終焉の意味

このままWebプラットフォームの技術が進化して、Web Componentnsが標準となった世界では、もしかするとRiot.jsは衰退・終焉を迎えてしまうかもしれません。しかしこれはある意味で歓迎されることだと私は考えます。

すでに述べましたが、Riot.jsが生まれたきっかけは「複雑度が増し混沌とするJavaScriptフレームワークの流れに対する暴動(riot)」でしたので、それが解決したことを意味しているともいえます。

この先の未来がどうなるかはわかりませんが、もし、Riot.jsが幸か不幸か生き残っていた場合は、まだフロントエンドのフレームワークの世界は混沌としていることになりますね。逆に終了していた場合は、世界に秩序が生まれたということで、Riot.jsはその一端を担い仕事を終えたんだと思っていただければと思います!

CHAPTER 05

Riot.jsでの
スタイリング

CSSの周辺ツールの紹介

現代のフロントエンドの開発では、CSS関連の周辺ツールもかなり変化してきました。ただ **xxx.css** ファイルを書き、**<header>** タグに **<link rel="stylesheet" href="xxx.css">** と読み込めばいいだけではなく、「より効率的にCSSを書くには?」「共通化や再利用はできないか?」「もう少しプログラマブルに・構造的に書けないか?」「無駄なことは省けないか?」など、世界中のエンジニアが試行錯誤してきました(この辺りの知見は、デザイナーさんならすでに持っている方も多いかもしれません)。

本節では最初に周辺ツールをご紹介します。Riot.jsによる開発では、そのすべてを導入する必要はありません。また、基本的にはRiot.jsはかなり薄いライブラリなので大抵のものとは合うとは思いますが、選んだツールとRiot.jsの相性が良くないこともあるので、都度、どれがいいかは吟味して選定してください。

CSSリセット

CSSリセットとは、各ブラウザがデフォルトで用意している「user agent stylesheet(以下、UA stylesheet)」と呼ばれるスタイルがあり、それをリセットするためのものです。オープンソースで公開されている、各ブラウザ代表的なCSSリセットは、次のようになります。

CSSリセット	対応ブラウザ
Chromium UA stylesheet URL : https://chromium.googlesource.com/chromium/ blink/+/master/Source/core/css/html.css	Google Chromeなど
Mozila UA stylesheet URL : https://dxr.mozilla.org/mozilla-central/source/ layout/style/res/html.css	Firefox
WebKit UA stylesheet URL : https://trac.webkit.org/browser/trunk/Source/ WebCore/css/html.css	Safari
EdgeHTML UA stylesheet URL : https://gist.github.com/jonathantneal/ abc52743caa0a019d359ec4ba2ce965b	Edge

このスタイルはWebページのすべての画面に適用されますが、UA stylesheetはブラウザごとに異なる可能性があります。開発するWebサイト・Webアプリケーションごとにオリジナルのスタイリングを行うのに、ベースとなるものが異なっていては大変なので、それを初期化するか、標準化する意味でCSSリセットが誕生しました。現代では、オープンソースで多くのCSSリセット用ライブラリが公開されているので、今回は特に有名なものを紹介していきます。

▶ 初期化するためのCSSリセット

まずは初期化するためのCSSリセットです。これらはnpmなどに公開されているものをダウンロードするのではなく、各アプリケーションごとに `reset.css` などのファイルを作成して運用することが多いです。

● Eric Meyer's "Reset CSS" 2.0

Eric Meyer's "Reset CSS" 2.0は、Eric Meyer氏が作成したCSSリセットで、ほぼすべてのデフォルトスタイルをリセットします。一からスタイリングしたい方はこちらをオススメします。reset.cssという名前でも知られている方も多いかと思います。

URL https://cssreset.com/scripts/eric-meyer-reset-css/

● HTML5 Reset Stylesheet

HTML5 Reset Stylesheetは、Eric Meyer氏のReset CSSをHTML5に対応させたプロジェクトです。HTML5で非推奨になったタグの削除や、新しいHTML5の要素が追加されています。

URL http://html5doctor.com/html-5-reset-stylesheet/

▶ 標準化・スタイルの統一化をするためのライブラリ

次に、初期化はしますが、標準化・スタイルの統一化をするためのライブラリです。

● A Modern CSS Reset

A Modern CSS Resetは、現在ではブラウザの振る舞いも信頼できるようになったため、「無理なリセットやすべてをリセットする必要はまったくなく当時のようなリセットは冗長であるとし、モダンブラウザに適切なCSSリセットを考えよう」という思想のもと作成されたプロジェクトです。

URL https://hankchizljaw.com/wrote/a-modern-css-reset/

● normalize.css

normalize.cssは、各ブラウザでのHTML要素のスタイリングの差異をなくし、一貫したデフォルトスタイルを提供するCSSライブラリです。ただし、リセットするだけはなく、有用なデフォルトのスタイルは維持してくれます。

URL http://necolas.github.io/normalize.css/

● sanitize.css

sanitize.cssは、normalize.cssの共同開発者の一人Jonathan Neal氏が立ち上げたプロジェクトで、normalize.cssの特徴に加え、スマホなどのモバイルにも対応しています。

URL https://csstools.github.io/sanitize.css/

● ress

ressは、normalize.cssを独自にカスタマイズして、スタイルシートを開始するためのベースをより強固にしたものです。ブラウザサポートもnormalize.cssに従っているようです。

URL https://ress-css.surge.sh/

▶ CSSリセット用ライブラリのダウンロード数

　下記に、参考までに各CSSリセット用ライブラリのダウンロード数の比較を載せておきますが、やはりnormalize.cssとsanitize.cssが人気のようですね。ressやmodern-css-resetは最近できたばかり（特にmodern-css-resetは2019年10月に作成された）なので、ダウンロード数は少ないですね。

- npm trends

　　URL https://www.npmtrends.com/sanitize.css-vs-normalize.css-vs-ress

●npm trendsのreset cssライブラリのダウンロード数の比較

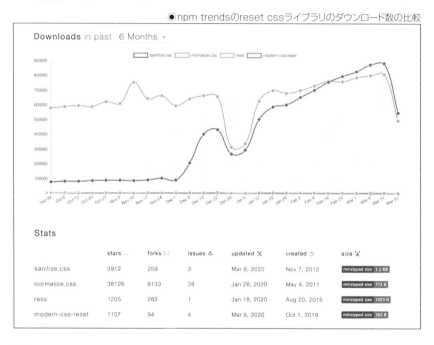

CSSフレームワーク

　CSSフレームワークとは、デザインやレイアウトのベースを簡単に作ることができるライブラリです。開発スタート時にいろいろと決めないといけなかったり、1つひとつのコンポーネントのデザインを考えないといけないですが、このフレームワークを導入すれば、ある程度のデザインやレイアウトはフレームワークの方針に乗っかるだけでよく、効率的に開発をすすめることができます。また、スタイルガイドもフレームワークで用意してあったり、今はサンプルサイト・チュートリアルも充実したものが多いので、キャッチアップしやすくなってきています。

　いくつか有名なCSSフレームワークとそのリンクを下表にまとめておきます。興味のあるもののサイトにアクセスし、実際に手を動かしてみてください。概ねの方針は似ておりますが、デザインテーマはそれぞれ独自性がありますので、見てて楽しいと思います！

05
Riot.jsでのスタイリング

CSSフレームワーク	URL
Bootstrap	https://getbootstrap.com/
Material Design	https://material.io/design/
Material Design Lite	https://getmdl.io/
Tailwind CSS	https://tailwindcss.com/
Foundation	https://foundation.zurb.com/
Bulma	https://bulma.io/
Semantic UI	https://semantic-ui.com/

　この中でも**Bootstrap**はかなり歴史が長く、一度は使ったことがある方も多いのではないでしょうか。これらのCSSフレームワークを、各JSフレームワークで使えるようにカスタマイズしたCSSフレームワークも多く生まれています。たとえば、**Material Design**では、Vue.js用のVuetify（https://vuetifyjs.com/ja/）、React用のMaterial-UI（https://material-ui.com/ja/）、Angular用のAngular Material（https://material.angular.io/）などがあります。残念ながらRiot.js用のCSSフレームワークはとても数が少ないので、今後の発展を期待したいところです。

　CSSフレームワークには大きなメリットもありますが、もちろんデメリットもあります。機能が多いフレームワークでは読み込むファイルの量も増え、まだ使わないCSSファイルも増えるので、ページの読み込み速度が遅くなったり、サイトが重くなったりする可能性があります。

　また、大規模なWebアプリケーションだったりデザインが特殊だったりすると、フレームワークのデザインテーマからほぼすべてカスタマイズになってしまうこともあるため、実際の現場では使わない場面も多いかもしれません。

　導入する際はしっかり検討することをオススメします。

||| AltCSS

　AltCSSとは、簡単に言ってしまうとCSSを拡張した**CSSを書くためのメタ言語**となります。また、標準のCSSにはない機能を提供し、CSSのスタイリングをより効率的にもしてくれます。こちらもいくつか有名なAltCSSライブラリを下表にまとめておきます。各ツールそれぞれに特徴がありますが、大筋の方針はそれほど変わりはなく、「共通化・関数化、変数定義、継承、構造化（ネスト）、mixin」などの機能を提供することが主な特徴になります。

AltCSS	URL
Sass	https://sass-lang.com/
Stylus	https://stylus-lang.com/
LESS	http://lesscss.org/](http://lesscss.org/

　最終的にはAltCSSで書いたソースコードは素のCSSに変換（**トランスパイル**といいます）しますが、もちろんこれも最近のツールでは自動化することもできます。すなわち、AltCSSでコードを書いていて途中で保存すると、ツールが自動で変更を検知しトランスパイルが走ってくれます。

　こちらも各ツールのnpmからのダウンロード数を見てみましょう。

● npm trends

　URL https://www.npmtrends.com/sass-vs-less-vs-stylus

●npm trendsのAltCSSのダウンロード数の比較

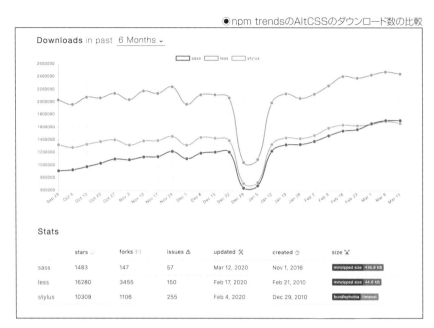

世界的にも今はLESSが少し頭ひとつ抜けていますね。この3つでは最も古くから存在しており、長く愛用されていることがわかります。現在ではSassの導入事例も増えてきており、今後も伸びてくるかもしれません。

また、これら以外にも、現段階で実装できていない最先端のCSSの仕様をブラウザに実装させるための「PostCSS」（https://postcss.org/）や、対応したいブラウザごとに必要なベンダプレフィックスを自動で付けてくれる便利なツール「Autoprefixer」（https://github.com/postcss/autoprefixer）などもあります。どのツールを使うかは好みが分かれるところなので、お好きな書き方のものを利用していただければよいと思いますが、自動化ツール（WebpackやParcel、Gulpなど）との相性の良さにも関わってくるので、開発環境に合うものを選ぶことをオススメします。

▮▮ 命名規則

CSSにも設計やコーディングルールは必要です。たとえば、インデントや改行を揃える、ハイフン or アンダーバーで統一する、class名はシングル or マルチにするなど、細かいですがルールを定めないと途端にスパゲッティコードが生まれます。そうならないための手法の1つとして、**class名の命名規則**があります。有名な規則としては、次の3つが挙げられます。

命名規則	URL
BEM （Block Element Modifier）	https://en.bem.info/methodology/
OOCSS （Object-Oriented CSS）	https://github.com/stubbornella/oocss/tree/master/oocss
SMACSS （Scalable and Modular Architecture for CSS）	http://smacss.com/ja

どの規則も一長一短がありますのでどれを使うかは、「どのAltCSSと相性が良いか?」「どの書き方が自分たちのアプリケーションの開発をスムーズに進められるか?」「保守性が高いのはどの規則か?」などを考えることが必要となるでしょう。

もちろんこれらに頼らず自分たちで考えるのも良いと思います。大事なことは「統一性があること」「明確であること」「他人が見ても意味がわかるclass名が付けられていること」だと筆者は考えています。

▮▮ 静的コード解析

最後に、**静的コード解析ツール**を紹介したいと思います。「そもそも静的コード解析とはなにか?」を説明すると、ソースコードの解析手法の1つであり、**文字通り実行ファイル（厳密にはソースコードのみではない）を実行せず解析を行う**ことです。ちなみに、人間が行う静的コード解析は、コードレビューといいます。何を解析してチェックしているのかというと、主に文法のチェックとなりますが、**文法は本来、人間がチェックするものではありません。**人間がチェックするのはそのコードのロジックが問題ないか、不具合を発生させないかをチェックすべきです。このように、本来やるべきことに専念するためにも、静的コード解析ツールは導入できるのであればすることをお勧めします。

こちらも各ツールのnpmからのダウンロード数を見てみましょう。

● npm trendsのCSSの静的コード解析ツールのダウンロード数の比較

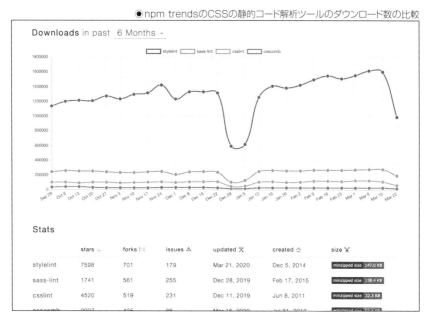

stylelintがダントツで使われているようですね。また、stylelintはstylelint-scssなど、AltCSSと組み合わせて解析する別ライブラリも存在するので、AltCSSとの相性も良いのが利用される理由の1つかもしれません。

ツールではなく、Webサイトのサービスとして公開されているものでは、W3Cが提供する静的コード解析サービスがあります。こちらはHTML/CSSの文法をチェックしてくれるので、貼っても問題ないコードであればこちらでチェックするのもいいかもしれません。

- HTMLのチェックサービス

  URL https://validator.w3.org/

- CSSのチェックサービス

  URL https://jigsaw.w3.org/css-validator/

▥ まとめ

いかがでしたでしょうか？ CSS周辺ツールもかなり多く開発されていることがおわかりいただけたかと思います。1つだけ念を押しておきたいのは、**どのツールも銀の弾丸ではない**ですので、選ぶ際はしっかり吟味してから選定・導入することを強くお勧めします。選ぶ目安としては、次などがいろいろと考えられます。

- GitHubのスター数
- メンテナンスされているか
- ドキュメントの豊富さ
- issueの数
- 拡張性・柔軟性
- 各ツールごとの相性

本節の内容はそのままJavaScriptも同様で、フレームワーク、解析ツールなどは存在します。これから作っていくアプリケーションや開発体制にとって最適なものを選ぶことがベストですので、選べるように日ごろから情報を得て、実際に手を動かしてみて、どのツールがどういう特徴があり、逆にどんなデメリットがあるかを知っておくことはとても重要なので、日々キャッチアップしていきましょう。

Riot.jsにおけるスタイリングの仕方

　本節では、具体的に Riot.jsを用いた開発をする上でのスタイリングの仕方を見ていきます。
Riot.jsはWebの標準になるべく沿うように設計されたUIライブラリなので、スタイリングに関し
ても特に新しく何か覚えておかないといけないものはほとんどなく、従来どおりの開発の仕方を
踏襲しつつ、Riot.jsの記法を使う形で問題ないです。とても既視感のある内容かと思います
ので、まったく気負わずに読み進めてください。

■ 基本

　本章までにすでにRiot.jsのコンポーネントのスタイリングを何度か行ってきましたが、改めて
説明します。Riot.jsは標準的なWebアプリケーションの作り方をなるべく守るように設計されい
るので、1つのコンポーネント内に **<style>** タグを書き、その中でコンポーネントのスタイリング
CSSを書きます。

```
<hoge-component>
  <!-- ここにマークアップ -->

  <script>
    // ここにロジック
  </script>

  <style>
    /* ここにスタイリング */
  </style>
</hoge-component>
```

　ここに記述したスタイリングをRiot.jsが自動的に外に切り出し、**<head>** 内に注入します。
これはコンポーネントが初期化される回数に関係なく、1回だけ発生します。実際に簡単なデ
モを作ってみてみましょう。動作環境はPlunkerでもParcelでもどちらでも構いませんが、本書
ではParcelで進めます。

SAMPLE CODE main.js

```
  component(App)(document.getElementById('app'), {
-   title: 'Hello Riot.js!'
+   title: 'Hello Riot.js!',
+   subTitle: 'This is parent😀'
  })
```

SAMPLE CODE　app.riot

```
  <app>
    <div class="app-header">
      <img src="https://riot.js.org/img/logo/riot-logo.svg" alt="Riot.js logo" class="logo">
    </div>
    <h1>{ props.title }</h1>
+   <h2>{ props.subTitle }</h2>

    <script>
      export default {
        onBeforeMount(props, state) {
          // any processing
        }
      }
    </script>
+
+   <style>
+     h2 {
+       color: #008080;
+     }
+   </style>
  </app>
```

　ここまで追記できたら保存し、ブラウザで開発者ツールを開いてください。ソースコードの
<head> タグ内を見てみると、次のように <style> が挿入されていることがわかります。

●スタイリングが<head タグに挿入

CSSスコープ

さてここで1つ疑問が浮かびます。**親コンポーネントで指定したスタイリングは子コンポーネントにも影響するのか?**という点です。 `app.riot` でこの状態で子コンポーネントを作成し、その中で **<h2>** タグを用意するとどうなるか確認してみます。 `components` ディレクトリ内に **child.riot** ファイルを作成し、次の内容を追記してください。

SAMPLE CODE child.riot

```
<child>
  <h2>{ props.title }</h2>
  <style>
    :host h2 {
      color: #D25565;
    }
  </style>
</child>
```

追記ができたら、このコンポーネントを読み込みます。

SAMPLE CODE app.riot

```
  <div class="app-header">
    <img src="https://riot.js.org/img/logo/riot-logo.svg" alt="Riot.js logo" class="logo">
  </div>
  <h1>{ props.title }</h1>
  <h2>{ props.subTitle }</h2>
+ <child title="This is child😀" />

  <script>
+   import Child from './components/child.riot'

    export default {
+     components: {
+       Child
+     },
      onBeforeMount(props, state) {
        // any processing
      }
```

ここまで追記できたら保存し、ブラウザで見てみると、次のように **child** コンポーネントの**<h2>** の色も変わっているのがわかると思います。このとき、**<head>** タグに挿入されたスタイリングも見てみましょう。

●「child」コンポーネントのスタイリングを確認

挿入されたスタイリングを見てみると、次のようになっています（少し整形しています）。

```
app h2,
[is="app"] h2 {
  color: #008080;
}
child h2,
[is="child"] h2 {
  color: #D25565;
}
```

これを見ると、CSSのセレクタの個別性の計算により **app** コンポーネントで指定したスタイリングの値は3、**child** コンポーネントで指定したスタイリングの値は2となり、**app** コンポーネントのスタイリングが優先されるため、どちらの **<h2>** も **#008080** カラーになります。これは、**app** コンポーネントの配置の仕方が **<app></app>** ではなく、**<div id="app" />** のようにタグ名よりも局所性が高い書き方をしているためなので、注意してください。

これを次のように書くと、**#D25565** カラーになります。

SAMPLE CODE app.riot

```
- <child title="This is child🐶" />
+ <div is="child" title="This is child🐶"/>
```

ちなみに、公式サイトには「スコープ付きCSS」と呼ばれる項目がありますが、この中で **:host** という疑似要素が使われています。Riot.jsのコンポーネントでこの疑似要素を使うと、そのコンポーネントのルート要素に変換され、**<head>** タグに挿入されます。今回でいうと **child** に変換されるので **<child>** タグの中に適用されるスタイリング、を意味します。

URL https://riot.js.org/ja/documentation/#スコープ付き-css

子コンポーネントはその中でスタイリングを完結させたく、親のスタイリングの影響を受けたくありません。この対策としては2つ方法があります。

1 ルートコンポーネントではスタイリングをしない

2 コンポーネント内でスタイリングのスコープを切る

199

■の場合は、コンポーネントではなく従来の `style.css` でスタイリングをしていく形になると思います。アプリ全体の調整をする必要がありますが、それはまさに `style.css` が司るものと筆者は考えております。

②の場合は、しっかりコンポーネントでCSSのスコープを切るようにCSS設計をしていくことだと思います。最近のモダンな設計手法にCSS in JSというものもあり、こちらを利用してもよいと思いますし、コンポーネントの冒頭に `id` 属性を付けた `<div>` タグを作って、ネームスペースでスコープを切ることでもよいと思います。

CSSスコープを切ることはとても重要で、本来、コンポーネント指向はこのことを目的としている指向になります。たとえばCHAPTER 02で作ったチュートリアルアプリの画面でも、次のように、それぞれのコンポーネントを作って画面全体を作りました。

●画面構成の大別

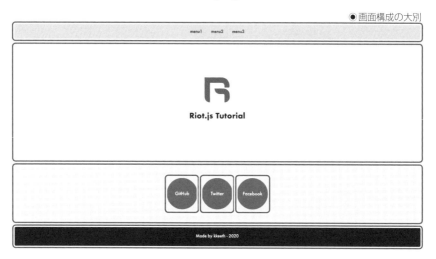

このように、それぞれのコンポーネントを作り、画面全体を作りました。コンポーネントごとにスコープが閉じているからこそ、それぞれのコンポーネントを組み合わせ、全体のスタイリングを調整するのみで画面全体を作ることができています。スコープが切れていないと、コンポーネントを配置しても、コンポーネントごとのスタイリングと画面全体のスタイリングを同時に考えないといけなく、コンポーネント指向の恩恵を受けることができません。また、各コンポーネントを他の画面でも再利用することもできなくなってしまいます。

このようなことがないように、しっかりとコンポーネントごとにCSSのスコープが閉じるような設計を心がけていきましょう。

■ アニメーション

Webアプリケーションのデザインでアニメーションを導入することはよくあると思います。しかし、Riot.jsには標準機能としてアニメーションに関する機能が実装されておりません。したがって、Riot.jsでアニメーションを行う場合はCSSでアニメーションを実装するか、外部ライブライブラリに頼る形となります。本書でもアニメーション用のライブラリの使い方を説明します。

アニメーションを実現するJavaScriptライブラリも世の中には数多くリリースされていますが、今回は次の2つのライブラリを使ってアニメーションで遊んでみたいと思います!

- anime.js(https://animejs.com/)
- animore(https://www.npmjs.com/package/animore)

anime.jsは世界的に認知度・ダウンロード数もかなり高く、信頼できるアニメーション用ライブラリです。また、animoreはriot-animoreというライブラリを参考(インスパイアされた、ということが多いです)にRiot.js だけでなく素のJavaScriptでも利用できるようにしたサードパーティ製のライブラリです。

少し余談になりますが、riot-animore(https://github.com/riot/animore)はanime.jsをベースにしたRiot.js用アニメーションライブラリで、過去にRiot.js開発チームから生み出されましたが、version4ではメンテナンスされないこととなりました。これは個人的な見解ですが、78ページでもお話したように、「アプリケーションによってはどの設計手法を使うかを自由に選択できることが望ましく、必要なときに必要なものを利用するようにする」という設計思想のもとにversion4が作られているため、ラッパーを作る意味がなくなったのだと解釈しています。

▶ anime.jsでアニメーション

では、実際に手を動かしながらアニメーションを実装してみましょう。Parcelのテンプレートをコピーし、anime.jsをインストールするため、コマンドラインツールで次のコマンドを実行してください。

```
$ cd テンプレートのフォルダ
$ yarn add animejs
```

インストールできましたら、このモジュールを読み込みます。

SAMPLE CODE app.riot

```
  <script>
+   import anime from 'animejs'
```

これで準備は整ったので、実際にHTMLを作ってアニメーションをさせていきましょう! まずは何らかのリストを描画する際にアニメーションさせてみます。

SAMPLE CODE main.js

```
  component(App)(document.getElementById('app'), {
-   title: 'Hello Riot.js!'
+   title: 'Riot.js with Anime.js!'
  })
```

SAMPLE CODE app.riot

```
  <h1>{ props.title }</h1>

+ <ul>
+   <li
+     each={ (item, i) in state.items }
+     key={ item.id }
+   >
+     { `${item.id}: ${item.name}` }
+   </li>
+ </ul>
+ <button onclick={ reload }>reload</button>

  <script>
    import anime from 'animejs'
    export default {
+     state: {
+       items: [
+         { name: 'ハガネール', id: 0 },
+         { name: 'ルギア', id: 1 },
+         { name: 'ミュウツー', id: 2 },
+         { name: 'ヘラクロス', id: 3 },
+         { name: 'カビゴン', id: 4 }
+       ]
+     },
      onBeforeMount() {
        // any processing
-     }
+     },
+     onMounted() {
+       anime({
+         targets: 'li',
+         translateX: [200, 0],
+         delay: anime.stagger(100)
+       })
+     },
+     reload() {
+       window.location.reload()
+     },
```

　ここまで変更できたら保存してください。5つのポケモン名のリストが右からスライドしながらレンダリングされると思います。 `anime()` メソッドの各オプションについては、anime.jsの公式ドキュメントを参照してください。また、個人的にこのアニメーションが何度も見たくなったので、リロード用のボタンも付けてしまいました。もし連続してアニメーションさせたい場合は次のようなオプションもあります。

```
anime({
  targets: 'li',
  translateX: [200, 0],
+ loop: true,  // 数字を指定すると、ループする回数となります
  delay: anime.stagger(100)
})
```

　まったくスタイリングしていなくても、アニメーションがあるだけでちょっとリッチに見えませんか？
　ちなみに番号が **0** から始まるのは、プログラミングの通例です。詳しい理由は長くなりますので、ご興味ある方は調べてみてください。
　では次に、リストの項目を追加する場合のアニメーションを実装していきます。

SAMPLE CODE app.riot

```
  <button onclick={ reload }>reload</button>
+ <button onclick={ add }>add</button>

  <script>
  import anime from 'animejs'
+
  // ①
+ const uid = ((id) => () => id++)(5)

...

  reload() {
    window.location.reload()
  },
+ add() {
+   // ②
+   const { items } = this.state
+   items.push({
+     // ③
+     name: Math.random() > 0.5 ? 'foo' : 'bar',
+     id: uid()
+   })
+   this.update({ items })
    // ④
+   anime({
+     targets: 'li',
```

▼

```
+      translateX: [200, 0],                                           ▼
+      delay: anime.stagger(100)
+    })
+  }
```

①では、今回のデータの形式が `{ name, id }` となっているため、次のidを発行するための関数を用意しました。すでに `items` の要素が5個ありますので、初期値も `5` に設定しています。

また、「クロージャ」というJavaScriptの機能とES6の「アロー関数」を用いてますが、少し難しくなるため詳細は割愛させていただきます。詳しく知りたい方は調べてみてください。クロージャはJavaScriptのコアな機能の1つで、知っておいて損はないと思いますが、あまり意識する機会は少ないかもしれません。

②は、`this.state.items` と何度も書くのが冗長で煩わしいので、`items` とシンプルに書けるように `state` から取得しています。ちなみに配列への要素の追加には `Array.prototype.push()` という便利な関数がJavaScriptにはあるので、それを利用しました。

URL https://developer.mozilla.org/ja/docs/Web/JavaScript/
Reference/Global_Objects/Array/push

③では、新しく追加する名前は、ランダムで `foo` か `bar` にしています。`Math.random()` はJavaScriptの標準機能で、0〜1の範囲でランダムに値を返してくれる関数です。その戻り値が0.5より大きいか否かを三項演算子で判定して名前を決定しています。

④では、先に `this.update()` を実行し、画面に新しい要素をレンダリングしてからアニメーションを実行しています。先に `anime()` 関数を実行してしまうと画面のレンダリングが行われていないため、最後から1つ前の要素がアニメーションしてしまうことになります。

変更できたら保存し、追加した「add」ボタンをクリックしてみてください。最後に追加された要素の右からアニメーションして追加されるのがわかると思います。

では今度は、各要素を削除しつつアニメーションしてみましょう。追加する際は右から左に向けてアニメーションしていたので、削除は逆に左から右に向かって移動させてみます。

SAMPLE CODE app.riot

```
  <li
    each={ (item, i) in state.items }
    key={ item.id }
  >
    { `${item.id}: ${item.name}` }
+   <button onclick={ remove } id={ i }>remove</button>
  </li>

...

    this.update({ items })
```
                                                                        ▼

```
      anime({                                                    ▼
        targets: 'li:last-child',
        translateX: [200, 0]
      })
-   }
+   },
+   remove(e) {
+     const { items } = this.state
+
+     items.splice(e.target.id, 1)
+     anime({
+       // ⑤
+       targets: e.target.parentNode,
+       translateX: 200,
+       // ⑥
+       complete: () => this.update({ items })
+     })
+   }
```

⑤では、**e.target** がクリックされた **<button>** 要素になりますが、アニメーションさせたいのがその親である **<li>** 要素なので、**parentNode** で取得しています。

⑥では、アニメーションが完了したタイミングで **this.update()** イベントを実行したいので、anime.jsの機能である **complete()** コールバックを利用しています。これ以外にもアニメーション開始の **begin()** 、アニメーションの更新中の **update()** コールバックなどがあります。

ここまで変更できたら保存し、追加した「remove」ボタンをクリックしてみてください。右に移動した後、消えると思います。それでは最後に、少し地味ですがボタンをクリックしたら各項目や項目すべてが拡大して元に戻るようなアニメーションを実装してみます。

SAMPLE CODE app.riot

```
+       <button onclick={ expand } id={ i }>expand</button>
        <button onclick={ remove } id={ i }>remove</button>
      </li>
    </ul>
    <button onclick={ reload }>reload</button>
    <button onclick={ add }>add</button>
+   <button onclick={ expandAll }>expand all</button>

    ...

        complete: () => this.update({ items })
      })
-   }
+   },
+   expandAll(e) {
+     anime({
```
▼

```
+       targets: e.target.parentNode,
+       // ⑦
+       scale: 2,
+       translateX: 700,
+       // ⑧
+       complete: (anim) => anim.reset()
+     })
+ },
+ expandAll() {
+   anime({
+     targets: 'li',
+     scale: 2,
+     translateX: 700,
+     delay: anime.stagger(100),
+     // ⑨
+     direction: 'alternate'
+   })
+ }
```

⑦では、拡大するためのオプションには **scale** を使うのが一番簡単です。ここの値は整数だけでなく、小数点を用いて **1.5** などのように細かなサイズの調整もできます。 **scale** 以外にも対象の要素の **width** 、**height** を動的に変更させるやり方もありますが、少々テクニカルなので **scale** を使う方法が無難だと思います。

⑧では、アニメーションが完了したタイミングで、アニメーションのスタイルを元に戻すための **reset()** メソッドを実行しています。ここの記述を省略すると、拡大した状態のままとなってしまいます。

⑨では、**direction: 'alternate'** を指定すると、先に行われたアニメーションのまったく逆方向のアニメーションが実行されます。 **expand()** メソッドのときと同じだと面白くないため、ちょっと変化を付けました。

ここまで変更できたら保存し、追加した「expand」ボタン、「expand all」ボタンをクリックしてみてください。実際に項目が拡大したり元に戻るアニメーションを見ることができると思います。

以上でanime.jsを用いたアニメーションの実装は終了となります。これら以外にもたくさんのサンプルがソースコードと一緒に公式サイトに掲載されているので、アニメーションの実装で困ったり何かよいサンプルを探したい際は、アクセスして見るとよいでしょう。

▶ animoreでアニメーション

今度はanimoreを用いてアニメーションを実装していきます。前述の「animate.jsでアニメーション」で作成したアプリケーションとほぼ同様なものとなるので、そのまま利用しても問題ありませんが、ここから読まれる方のために、一から作成したいと思います。連続して読まれている方は適宜、必要な部分だけ更新していただければと思います。

では、Parcelのテンプレートをコピーし、animoreをインストールするため、コマンドラインツールで次のコマンドを実行してください。

```
$ cd テンプレートのフォルダ
$ yarn add animore
```

インストールできたら、このモジュールを読み込みます。

SAMPLE CODE app.riot

```
  <script>
+   import animore from 'animore'
```

では、animate.jsの場合と同様にアニメーションをするための準備として、まずはポケモンの名前のリストを表示させます。ついでにタイトルも変更しましょう。

SAMPLE CODE main.js

```
  component(App)(document.getElementById('app'), {
-   title: 'Hello Riot.js!'
+   title: 'Riot.js with Animore'
  })
```

SAMPLE CODE app.riot

```
  <h1>{ props.title }</h1>

+ <ul>
+   <li
+     each={ (item, i) in state.items }
+     key={ item.id }
+   >
+     { `${item.id}: ${item.name}` }
+   </li>
+ </ul>

  <script>
    import anime from 'animejs'
+
    export default {
+     state: {
+       items: [
+         { name: 'ハガネール', id: 0 },
```

▼

207

```
+        { name: 'ルギア', id: 1 },
+        { name: 'ミュウツー', id: 2 },
+        { name: 'ヘラクロス', id: 3 },
+        { name: 'カビゴン', id: 4 }
+      ]
+    },
     onBeforeMount() {
       // any processing
     }
```

ここまではanimate.jsの場合とほぼ同じですね。これで準備は整いましたので実際にHTMLを作ってアニメーションをさせていきますが、animate.jsの場合と同じ内容では面白くないので、今回はリストの追加と削除時のアニメーションを変えてみます。

SAMPLE CODE app.riot

```
       { `${item.id}: ${item.name}` }
+      <button onclick={ remove } id={ i }>remove</button>
     </li>
   </ul>
+  <button onclick={ add }>add</button>

   <script>
     import anime from 'animejs'

+    const uid = ((id) => () => id++)(5)

     export default {
       state: {
         items: [
           { name: 'ハガネール', id: 0 },
           { name: 'ルギア', id: 1 },
           { name: 'ミュウツー', id: 2 },
           { name: 'ヘラクロス', id: 3 },
           { name: 'カビゴン', id: 4 }
         ]
       },
-      onBeforeMount() {
-        // any processing
-      }
+      onBeforeUpdate() {
+        // ⑩
+        this.animations = animore('li', {
+          duration: 500,
+          easing: 'linear'
+        })
+        this.animations.forEach(({ stash }) => stash())
```

```
+     },
+     onUpdated() {
+       // ⑪
+       this.animations.forEach(({ apply }) => apply())
+     },
+     remove(e) {
+       const { items } = this.state
+
+       items.splice(e.target.id, 1)
+       this.update({ items })
+     },
+     add() {
+       const { items } = this.state
+
+       // ⑫
+       items.splice(~~(Math.random() * items.length), 0, {
+         name: Math.random() > 0.5 ? 'foo' : 'bar',
+         id: uid()
+       })
+       this.update({ items })
+     }
```

⑩では、animoreの使い方は `animore()` メソッドでどの要素にどんなアニメーションをさせるかを指定し、保存、実行という流れになっています。 `animore()` メソッドの仕様もanime.jsの `anime()` メソッドとかなり似ています。 `anime()` メソッドでは引数のオブジェクトに `targets` というキーで対象の要素を指定していましたが、`animore()` メソッドでは第1引数で指定しています。第2引数で具体的にアニメーションさせる設定をしています。

設定が終わったら、それを保存させるために `stash()` というメソッドを実行しますが、アニメーション対象の要素の1つひとつで実行しないといけないため、一度、`this.animations` という変数に格納し、`forEach` でループしつつ実行しています。

⑪では、⑩で保存したアニメーションを実行するため、`apply()` メソッドを実行しています。同様に `this.animations` という配列を `forEach` で1つひとつループし、アニメーションを実行しています。

⑫については、配列に要素を追加する際は `push()` メソッドを使うことが一般的ですが、`push()` メソッドでは配列の最後に要素が追加されてしまい、既存のHTMLには何も変化がないためアニメーションされません。そのため、`splice()` メソッドを用いて既存の `items` 配列の中に差し込みます。 `splice()` メソッドの詳しい使い方はMDNの記事を参照してください。

● Array.prototype.splice

URL https://developer.mozilla.org/ja/docs/Web/JavaScript/
Reference/Global_Objects/Array/splice

209

items 配列のどこに新しい要素を差し込むかですが、今回は Math.random() を用いてランダムに決めています。ただし、そのままでは0〜1の範囲になるので、現在の要素数をかけることで全要素が範囲になります。また、~~ ですが、これは**ビット演算子**と呼ばれるもので、絶対値で評価し小数点を切り捨ててくれます。これにより整数となるので、何番目に差し込むかが決まります。

ここまで変更できたら保存し、画面から「add」ボタンや「remove」ボタンをクリックしてみてください。要素を追加・削除すると、ぬるっとアニメーションされると思います。

では次に、各項目の順序を逆転する際にアニメーションさせてみます。

SAMPLE CODE app.riot

```
  </ul>
  <button onclick={ add }>add</button>
+ <button onclick={ reverse }>reverse</button>

  ...

    this.update({ items })
-  }
+  },
+  reverse() {
+    this.update({
       // ⑬
+      items: this.state.items.reverse()
+    })
+  }
```

⑬では、配列の順番を逆転するメソッド **reverse()** がJavaScriptには用意されています。また、今回は1行のみなので、**items** 配列を **this.state** から直接、指定しています。

変更できたら保存し、追加した「reverse」ボタンをクリックしてみてください。「add」ボタンや「remove」ボタンをクリックした後に「reverse」ボタンをクリックするなど、操作のバリエーションを変えてみても正しく動作するか、念のため、確認するのもいいかと思います。

以上、簡単ではありますが、アニメーションの実装はこれで終了となります。やはり動くものを見ながらの開発は楽しかったのではないかと思います。anime.js以外にもアニメーション用のライブラリは世の中に数多くあるので、自分たちの気に入ったものだったり開発しやすいものを見つけていただくのがよいと思います!

また、もちろんJavaScriptのライブラリに頼らず、CSSの **keyframes** や **transition** を使う方法もあります(ちなみに筆者は、あまりCSSのコード量を増やしたくないと考える派です)。ですが、あくまでアニメーションは必須ではないですし、本来はアプリケーションの機能の方が優先ですので、アニメーションのご利用は計画的に導入していきましょう!

Semantic UI Riotの導入

188ページでも取り上げましたが、数あるCSSフレームワークの中の1つに**Semantic UI**という素晴らしいフレームワークがあります。このフレームワークの特徴は、公式サイトにも記載されていますが、「他のフレームワークと比較してヒューマンリーダブル」なこと、「開発者ライクなJavaScriptで扱える」ことが挙げられます。

これら以外にも、このフレームワークが提供するコンポーネントや画面レイアウトが充実していることも嬉しいです。他のフレームワークも同様に充実しており、Semantic UI独自の良さとは言い難いですが、良いことには変わりありません。詳しくは公式サイトを参照してください。

- Semantic UI公式サイト

  `URL` https://semantic-ui.com/

● Semantic UIのトップページ

CSSリセットの使い方

Semantic UI Riotの導入の前に188ページにて取り上げたCSSリセットを実際に行ってみます。今回はressを利用するので、まずはParcelのテンプレートをコピーし、次のコマンドをコマンドラインツールで実行してください。

```
$ cd テンプレートのフォルダ
$ yarn add ress
```

次に、ressをアプリケーション内で読み込みます。

SAMPLE CODE main.js

```
  import '@riotjs/hot-reload'
  import {component} from 'riot'
+ import 'ress'
```

最後にリセットされるかどうかを目視するために、いくつかHTMLを追加しておきます。

SAMPLE CODE app.riot

```
  <h1>{ props.title }</h1>
+ <h2>{ props.title }</h2>
+ <h3>{ props.title }</h3>
+ <h4>{ props.title }</h4>
+ <h5>{ props.title }</h5>
+ <h6>{ props.title }</h6>
+ <hr />
+ <ul>
+   <li each={ item in list }>{ item }</li>
+ </ul>
+ <hr />
+ <ol>
+   <li each={ item in list }>{ item }</li>
+ </ul>

...

  onBeforeMount() {
-   // any processing
+   this.list = [
+     'li要素1',
+     'li要素2',
+     'li要素3'
+   ]
  }
```

では実際にリセットされているか確認するために、アプリケーションを実行してください。

```
$ yarn start
```

このときの画面をよく覚えておくか、画面のキャプチャをとっておき、`main.js` の `import 'ress'` の行をコメントアウトしてください。

●ressを使う前と使った後の比較(左:ressなし、右:ressあり、Chromeを利用)

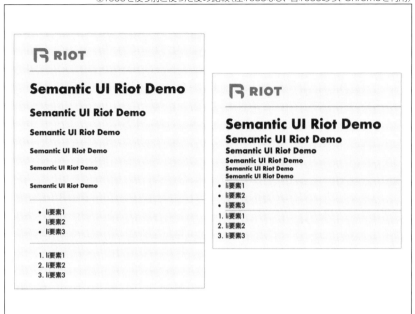

見ていただくと一目瞭然ですが、UA stylesheetにより、デフォルトで `margin` 、`padding` など、だいぶスタイリングされていることがわかると思います。これがressのスタイリングでしっかりとリセットされました。このように、CSSリセットをしないとだいぶスタイリングされており、自分たちが思っているようにスタイリングしていたとしても、ブラウザのUA stylesheetのスタイリングが邪魔をすることもあるので、できるだけリセットをしてもらえればと思います。

しかし、本節で扱うSemantic UIをはじめ、その他のCSSフレームワークにはそれぞれ固有のリセット用スタイリングがされているので、ressやsanitize.cssなどのスタイルシートはあまり意味がありません。したがって、**リセット用のスタイリングシートを使う場合は、CSSフレームワークを使わずーからスタイリングするような開発に向いているといえるでしょう。**

▓ Semantic UI Riot

Semantic UIの思想はRiot.jsの思想とよく似ていると筆者は感じています。「簡潔かつ明瞭で、ヒューマンリーダブルなUIライブラリ」と改めて書くと、まさにSemantic UIが謳っていることに近いと思いませんか? このCSSフレームワークとRiot.jsは相性が良いのではないかなと思っていたところ、日本人のフリーランスエンジニアのNobuki Inoueさん(https://twitter.com/black_trooper)が作ってくださったのが、今回紹介する**Semantic UI Riot**になります。

Semantic UI Riotのリリースノート(https://github.com/black-trooper/semantic-ui-riot/releases)を見ると、2017/9/11が初期リリースとなっており、今年で足掛け3年も開発が続いています。また、こちらのUIフレームワークはほぼ1人で開発されており、開発者の並々ならぬ愛を感じますし、同じRiot.js好きの開発者として尊敬の念を禁じえません。

公式サイトのトップページ（https://semantic-ui-riot.web.app/）を見ると、やはりこのサイトそのものもSemantic UI Riotが使われていましたね。また、下記の対応表のように、Riot.jsのversion3から対応しているUIフレームワークなので、もし、現在version3を使っているようでしたら、一度、試してみるのもいいかもしれません。

●Semantic UI Riotの対応バージョン表

Semantic UI Riot	Riot	Semantic UI
0.x.x	3.0.0	2.3.0
1.x.x	3.0.0	2.3.0
2.x.x	4.0.0	2.3.0

このフレームワークのロゴ画像ですが、デザインされたのはRiot.js本体のロゴ画像もデザインされたGENKIさん（https://twitter.com/nibushibu）というフリーランスのデザイナーさんになります。このように、Riot.jsは意外と日本人の活躍でも回っているライブラリともいえますね。

それではここからは実際に使ってみましょう！　まずは基本に忠実に、公式サイトの「Getting started」の項目から試していきます。今回の内容は特に公開しないほうがよい情報やデータはないので、Plunkerを利用しても問題ありませんが、本節ではCHAPTER 04と同様にParcelを使ったまま進めますので、Plunkerを利用する場合は、適宜、読み替えてください。Parcelを使わずCDNを使う方法については、Plunker上でも公式ドキュメントのとおりに設定すれば問題なく動作すると思います。

※本書執筆時点で利用しているSemantic UIのバージョンは2.4.2になります。もし、別のバージョンを使っていて、うまく動作しない場合は明示的にこのバージョンを使ってください。また、semantic-ui-riotのRiot.jsの対応バージョンが4.11.0となります。これより上のバージョンでは動作しないコンポーネントが存在する可能性があります。もし、うまく動作しない場合はRiot.jsのバージョンを4.11.0に変更してみてください。

▌▌▌ 環境の構築

まずはParcelのテンプレートをコピーし、Semantic UI Riotと、Riot.jsのバージョン **4.11.0** をインストールしましょう。コマンドラインツールから次のコマンドを実行してください。

```
$ cd テンプレートのフォルダ
$ yarn add semantic-ui-riot riot@4.11.0
```

ここまできたら、Semantic UI Riotの公式サイトの手順をもとに、諸々の設定をしていきます。まずは **index.html** にて、CDN経由でSemantic UI本体のソースコードを読み込むようにします（ついでに、タイトルも変更しています）。

SAMPLE CODE index.html

```
- <title>HelloRiot.js</title>
+ <title>Semantic UI Riot Demo</title>
+ <link rel="stylesheet"
+     href="https://cdn.jsdelivr.net/npm/semantic-ui@2.4.2/dist/semantic.min.css">
  <link rel="stylesheet" href="assets/css/style.css">
```

また、**ress** によりスタイリングがリセットされているので、見やすさのため、**padding** を設定しましょう。

SAMPLE CODE app.riot

```
+  <style>
+    :host {
+      padding: 2rem;
+    }
+  </style>
```

次に、インストールした `semantic-ui-riot` モジュールを `main.js` に組み込みます(こ
ちらでもついでにタイトルも変更しています)。

SAMPLE CODE main.js

```
   import '@riotjs/hot-reload'
   import {component} from 'riot'
+  import 'semantic-ui-riot'
   import App from './app.riot'

   component(App)(document.getElementById('app'), {
-    title: 'Hello Riot.js!'
+    title: 'Semantic UI Riot Demo'
   })
```

必要なモジュールやライブラリの読み込みは以上で完了となります。ここからは実際に
Semantic UI Riotのコンポーネントを使っていきます。まずはドキュメント通り、チェックボックス
のコンポーネントを配置してみましょう。

SAMPLE CODE app.riot

```
   <app>
     <div class="app-header">
       <img src="https://riot.js.org/img/logo/riot-logo.svg" alt="Riot.js logo" class="logo">
     </div>
     <h1>{ props.title }</h1>
+    <su-checkbox>
+      Make my profile visible
+    </su-checkbox>
```

変更できたら保存し、画面を見てみましょう。次の画像のように表示されていたらOKです。

●チェックボックスの表示

Ⅲ 各コンポーネントを使ってみる

それでは他のコンポーネントも見ていきます。便利なコンポーネントがたくさん用意されていますが、すべて見ていくと長くなるので、いくつかピックアップしていき、実際に使うことを想定してイベントハンドラを設定して挙動を確認してみましょう。特徴としては、**各HTMLタグのclassにuiのワードが必ず付く**という点になりますので、注意して見てください。

今回はたびたび **app.riot** を初期化することがあるので、先にこのファイルをコピーした**app_origin.riot** というファイルを作っておきましょう。

```
$ cp app.riot app_origin.riot
```

▶ Checkbox

まずはチェックボックスですが、先ほど見たもの以外にもスライダーやトグルもあります。実際に見ていきましょう。

SAMPLE CODE app.riot

```
  <h1>{ props.title }</h1>
- <su-checkbox>
-   Make my profile visible
- </su-checkbox>
+ <ul>
+   <li>
+     <su-checkbox>
+       Make my profile visible
+     </su-checkbox>
+   </li>
+   <li>
+     <su-checkbox class="disabled">
+       Disabled
+     </su-checkbox>
+   </li>
+   <li>
+     <su-checkbox class="slider">
+       Accept terms and conditions
+     </su-checkbox>
+   </li>
+   <li>
+     <su-checkbox class="toggle">
+       Subscribe to weekly newsletter
+     </su-checkbox>
+   </li>
+ </ul>
```

記述できたら保存し、ブラウザから確認してみてください。それぞれ、**base**、**disabled**、**slider**、**toggle** のチェックボックスが表示されていると思います。また、それぞれのチェックボックスをクリックして挙動を確認してみてください。

216

● さまざまなチェックボックスの表示

では次に、実際にチェックされたときに何かしら画面に表示してみましょう。 `toggle` チェックボックスにイベントハンドラを設定します。

SAMPLE CODE app.riot

```
    <li>
-     <su-checkbox class="toggle">
+     <su-checkbox
+       class="toggle"
+       checked={ isChecked }
+       onchange={ handleChange }
+     >
        Subscribe to weekly newsletter
      </su-checkbox>
    </li>
  </ul>
+ <div class="ui message">
+   <p>{ isChecked ? 'on' : 'off' }</p>
+ </div>

  export default {
+   isChecked: false,
    onBeforeMount() {
      // any processing
-   }
+   },
+   handleChange(e) {
+     this.isChecked = e.target.checked
+     this.update()
+   }
  }
```

追記できたら保存し、画面で **toggle** チェックボックスをクリックしてON/OFF を切り替えてみてください。下の欄の **on/off** の文字が切り替わると思います。

●チェックボックスのチェックの確認

最後に、複数のチェックボックスをまとめてチェックする実装をしてみます。先ほどの **app. riot** ファイルを閉じて名前を **app_bk.riot** とリネームし、**app_origin.riot** ファイルから新たに **app.riot** ファイルを作成した後、次の内容を追記してください。

SAMPLE CODE app.riot

```
  <h1>{ props.title }</h1>
+ <su-checkbox-group
+   name="checkbox-group"
+   value={ checkboxGroupValue }
+   onchange={ handleChange }
+ >
+   <su-checkbox value="1">Checkbox 1</su-checkbox>
+   <su-checkbox value="2">Checkbox 2</su-checkbox>
+   <su-checkbox value="3">Checkbox 3</su-checkbox>
+ </su-checkbox-group>
  <!-- ① -->
+ <div>
+   <button
+     type="button"
+     class="ui button"
+     onclick={ () => checkSelectCheckbox([1,2]) }
+   >Check 1,2</button>
+   <button
+     type="button"
+     class="ui button"
+     onclick={ () => checkSelectCheckbox([1,2,3]) }
+   >Check all</button>
+   <button
+     type="button"
+     class="ui button"
```

▼

```
+      onclick={ () => checkSelectCheckbox([]) }
+    >Clear all</button>
+ </div>

...

   onBeforeMount() {
     // any processing
-  }
+  },
+ checkSelectCheckbox(value) {
+    // ②
+    if (value.length === 0) {
+      this.$$('input[type="checkbox"]').forEach(item => {
+        item.checked = false
+      })
+    }
+    this.checkboxGroupValue = value
+    this.update()
+ }
```

①は、"1,2,3" のように文字列で指定しても同じ挙動をします。

②では、明示的にチェックボックスのチェックをクリアしています。いったん画面上のすべてのチェックボックス要素を取得し、ループしながら各チェックボックスのチェックフラグを外しています。

ここまで変更できたら保存し、画面上で追加した3つのボタンや、各チェックボックスをいろいろと組み合わせてクリックしてみてください。少しの変更で複数のチェックボックスを操作することができます。

●複数のチェックボックスの操作

05

Riot.jsでのスタイリング

▶ Button

　次はボタンです。いわゆるAtomic Design（https://atomicdesign.bradfrost.com/）でいうところのAtomsに当たるコンポーネントで、ほぼすべてのWebアプリケーションで必須といってもよいコンポーネントです（ボタンがないWebアプリは見たことがないです）。それくらい重要なものなので、本書でも触れていきたいと思います。先ほどと同様に、**app_origin.riot** をコピーし、新たに **app.riot** を作成して、次の内容を追記してください。

SAMPLE CODE app.riot

```
  <h1>{ props.title }</h1>

+ <p>basic</p>
+ <button class="ui basic button">Default</button>
+ <button class="ui basic button primary">Primary</button>
+ <button class="ui basic button secondary">Secondary</button>
+ <button class="ui basic button positive">Positive</button>
+ <button class="ui basic button negative">Negative</button>
+
+ <hr />
+
+ <p>fill</p>
+ <button class="ui button">default</button>
+ <button class="ui button primary">primary</button>
+ <button class="ui button secondary">Secondary</button>
+ <button class="ui button positive">Positive</button>
+ <button class="ui button negative">Negative</button>
+
+ <hr />
+
+ <p>Colors</p>
+ <button class="ui red button">Red</button>
+ <button class="ui orange button">Orange</button>
+ <button class="ui yellow button">Yellow</button>
+ <button class="ui olive button">Olive</button>
+ <button class="ui green button">Green</button>
+ <button class="ui teal button">Teal</button>
+ <button class="ui blue button">Blue</button>
+ <button class="ui violet button">Violet</button>
+ <button class="ui purple button">Purple</button>
+ <button class="ui pink button">Pink</button>
+ <button class="ui brown button">Brown</button>
+ <button class="ui grey button">Grey</button>
+ <button class="ui black button">Black</button>
```

少し数が多いですが、ここまで追記できたら保存し、画面に表示される各ボタンを見てみてください。次のように、ボタンの一覧が表示されると思います。

●ボタンの一覧

基本的には class に basic を付ければスケルトンなボタン、なければ色で塗りつぶされたボタンとなります。色を直接、指定するのも、テーマで指定するのも、どちらを利用しても色以外の違いはないので、お好きな方をお使いください。また、inverted を付けると文字通り色が反転するので、basic を付けたときと似たような見た目になりますが、線が少し太くなるのと、マウスオーバー時は色で塗りつぶされます。

これら以外にもユニークなボタンがたくさんあるので、いくつかピックアップしてみます（全部を記述すると長くなるので、興味あるボタンだけでも問題ありません）。

SAMPLE CODE app.riot

```
+ <hr />
+
+ <p>Animated</p>
+ <button class="ui animated button basic violet">
+   <div class="visible content">Next</div>
+   <div class="hidden content">
+     <i class="right arrow icon" />
+   </div>
+ </button>
+ <button class="ui vertical animated button teal">
+   <div class="hidden content">Shop</div>
+   <div class="visible content">
+     <i class="shop icon" />
+   </div>
+ </button>
+ <button class="ui animated fade button secondary">
+   <div class="visible content">Sign-up for a Pro account</div>
+   <div class="hidden content">
+     $12.99 a month
+   </div>
```

▼

05

Riot.jsでのスタイリング

```
+   </button>
+
+   <hr />
+   <p>Labeled</p>
+   <div class="ui labeled button">
+     <button class="ui red button">
+       <i class="heart icon"></i> Like
+     </button>
+     <a class="ui basic red left pointing label">
+       2,048
+     </a>
+   </div>
+   <div class="ui left labeled button">
+     <a class="ui basic label">
+       2,048
+     </a>
+     <button class="ui icon button blue">
+       <i class="fork icon"></i>
+     </button>
+   </div>
+   <button class="ui labeled icon button">
+     <i class="pause icon"></i>
+     Pause
+   </button>
+   <hr />
+   <p>Group</p>
+   <div class="ui icon buttons">
+     <button class="ui button"><i class="align left icon"></i></button>
+     <button class="ui button"><i class="align center icon"></i></button>
+     <button class="ui button"><i class="align right icon"></i></button>
+     <button class="ui button"><i class="align justify icon"></i></button>
+   </div>
+   <hr />
+   <p>Status</p>
+   <button class="ui active button">
+     <i class="user icon"></i>
+     Follow
+   </button>
+   <button class="ui disabled button">
+     <i class="user icon"></i>
+     Followed
+   </button>
+   <button class="ui primary loading button">Loading</button>
+   <button class="ui secondary loading basic button">Loading</button>
    <!-- ③ -->
+   <button
+     class="ui toggle button { isActive && 'active' }"
```

222

```
+    onclick={ handleToggle }
+  >Vote</button>
   <!-- ④ -->
+  <button class="fluid ui button" style="margin-top: 10px;">Fits container</button>

   ...

   export default {
+    isActive: false,
     onBeforeMount() {
       // any processing
-    }
+    },
+    handleToggle(e) {
+      this.isActive = !this.isActive
+      this.update()
+    }
   }
```

③では、toggle 付きボタンは、active を付けると自動でボタンの色が変わるので、isActive というフラグを用意し、クリックするたびにトグルでアクティブ/非アクティブのステータスを設けました。

④では、fluid を付けると幅いっぱいのボタンになりますが、見た目がわかりにくかったため、明示的に style 属性を付けています。

ここまで変更できたら保存し、再レンダリングされた画面を見てみてください。次のようにいろいろなボタンが表示されていると思います。

●さまざまなバリエーションのボタン

Animated 系のボタンは文字通りアニメーションが実装されたボタンになるので、マウスオーバーしてみてください。3つのボタンにそれぞれ個別のアニメーションが起こります。また、ローディング用のボタンも、デフォルトのローディング用GIF画像が表示されるので、もし何かAPIをコールして取得したデータで何かしらの処理をしているときなどは、このステータスを用い、完了しましたら、また class の値を別のものに動的に変更するなど、いろいろと操作の幅が広がるかと思います。

今回はボタンをピックアップしましたが、他のAtoms 用のスタイリングの用意もあるので、ぜひいろいろと見てみてください。

▶ Dropdown

次はドロップダウンメニューです。こちらもWebアプリケーションを作る際よく見ると思います。先ほどと同様に、**app_origin.riot** をコピーし、新たに **app.riot** を作成して、次の内容を追記してください。

SAMPLE CODE app.riot

```
  <h1>{ props.title }</h1>
+ <su-dropdown items={ dropdownItems } onselect={ handleSelect }></su-dropdown>
+ <div class="ui message">
+   <p>{ selectMenu ? selectMenu.label : 'no select' }</p>
+ </div>

  ...

  export default {
+   dropdownItems: [
+     {
+       label: 'Select Friend',
+       value: null,
+       default: true
+     },
+     {
+       label: 'Jenny Hess',
+       // ⑤
+       image: '/assets/img/jenny.jpg',
+       value: 'jenny'
+     },
+     {
+       label: 'Elliot Fu',
+       image: '/assets/img/elliot.jpg',
+       value: 'elliot'
+     },
+     {
+       label: 'Stevie Feliciano',
+       image: '/assets/img/stevie.jpg',
+       value: 'stevie'
```

▼

```
+    },
+    {
+      label: 'Christian',
+      image: '/assets/img/christian.jpg',
+      value: 'christian'
+    },
+    {
+      label: 'Matt',
+      image: '/assets/img/matt.jpg',
+      value: 'matt'
+    }
+  ],
   onBeforeMount() {
     // any processing
-  }
+  },
+  handleSelect(e) {
+    this.selectMenu = e
+    this.update()
+  }
```

⑤では、**image** の項目はなくても構いません。本書では画像も用意しましたが、あくまで参考としてください。

ここまでできたら保存し、レンダリングされたら画面からドロップボックスメニューをクリックしてみてください。次のように表示されたら大丈夫です。

●ドロップダウンメニューの表示

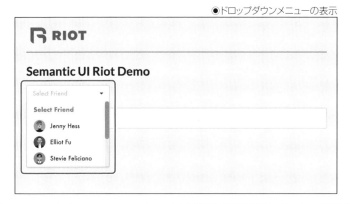

画像については用意していないのであれば、**dropdownItems** の各項目の **image** を削除してください。また、選択した値がメニューの下に表示されるようにもしているので、確認してみてください。

　ちょっとしたTipsですが、メニューを横幅いっぱい（画面の横幅いっぱいではないことに注意）に延ばしたい場合は、次のように **class** を1つ加えるだけで可能です。

SAMPLE CODE app.riot

```
- <su-dropdown items={ dropdownItems } onselect={ handleSelect } />
+ <su-dropdown
+    items={ dropdownItems }
+    onselect={ handleSelect }
+    class="fluid"   // ここを追加
+ ></su-dropdown>
```

　さらに、ドロップダウンという名前ですが、メニューを上向きに開くようにすることもできます。

SAMPLE CODE app.riot

```
  <su-dropdown
     items={ dropdownItems }
     onselect={ handleSelect }
     class="fluid"
+    direction="upward"
  ></su-dropdown>
```

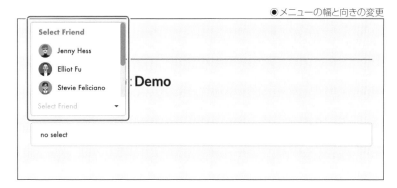

◉メニューの幅と向きの変更

　これでも十分な機能が用意されていますが、検索項目の数が多いとスクロールしながら探すのが大変になるので、入力文字列で検索できるようにすることも簡単にできます。

SAMPLE CODE

```
  <su-dropdown
     items={ dropdownItems }
     onselect={ handleSelect }
     class="fluid"
+    search="true"
  ></su-dropdown>
```

　この1行が追加できたら保存し、画面からメニューをクリックしてみてください。次の画像のように、テキストを入力できるようになり、かつリアルタイムでフィルタリングしてくれていると思います（この機能を**インクリメンタルサーチ**と呼びます）。

●インクリメンタルサーチ

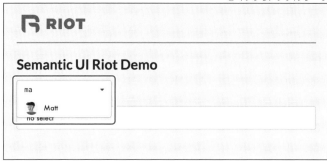

▶ Modal

次はモーダルです。今やモーダルはデファクトスタンダードといってもよい機能の1つです。先ほどと同様に、`app_origin.riot` をコピーし、新たに `app.riot` を作成して、次の内容を追記してください。

SAMPLE CODE app.riot

```
  <h1>{ props.title }</h1>
  <!-- ⑥ -->
+ <su-modal modal={ modal } class="large" show={ state.show } onhide={ closeModal }>
+   <!-- ⑦ -->
+   <div class="ui medium image">
+     <img src="/assets/img/rachel.png" />
+   </div>
+   <!-- ⑧ -->
+   <div class="description">
+     <div class="ui header">Default Profile Image</div>
+     <p>We've found the following
+       <a href="https://www.gravatar.com" target="_blank">gravatar</a>
+       image ssociated with your e-mail address.</p>
+     <p>Is it okay to use this photo?</p>
+   </div>
+ </su-modal>
+ <button class="ui button teal" onclick={ showModal }>Show modal</button>

  ...

  export default {
+   modal: {
      // ⑨
+     header: 'Select a Photo',
      // ⑩
+     buttons: [
+       {
+         text: 'Nope',
```

▼

227

```
+       type: 'secondary'
+     },
+     {
+       text: 'OK',
+       type: 'primary',
+       icon: 'checkmark'
+     }
+     ]
+   },
+   state:{
+     show: false
+   },
    onBeforeMount() {
      // any processing
-   }
+   },
+   showModal() {
+     this.update({ show: true })
+   },
+   closeModal() {
+     this.update({ show: false })
+   }
```

⑥では、表示するモーダルのサイズを class で指定しています。指定できるサイズは4種類(mini 、tiny 、small 、large)あります。また、モーダルの開閉を state.show という変数で管理しているので、モーダルが閉じる際のイベントハンドラ(closeModal)を設定し、値を変更しています。

⑦は、モーダル上に表示されるコンテンツ部分となります。画像を表示している <div class="ui medium image"> はなくても問題ありません(今回のモーダルがユーザーのプロフィール画像に関するもののため、表示しています)。また、画像サイズの指定の種類は、次のように8種類が用意されています。

Class Name	Size
Mini	35px
Tiny	80px
Small	150px
Medium	300px
Large	450px
Big	600px
Huge	800px
Massive	960px

⑧では、コンテンツ本体を指定しています。モーダル上のコンテンツ本体を表すには、class="description" と記述してください。また、本体の中でもヘッダー・ボディを分けることができ、ヘッダーには class="ui header" を記載してください。それ以外のコンテンツはすべてボディと認識されます。

⑨では、モーダル全体のヘッダーのテキストを指定しています。

⑩では、モーダル上に表示されるボタンを設定しています。配列で指定しますが、この順番通りにボタンが表示されます。各項目は次のようになっています。

parameter	required	detail
text	必須	ボタンに表示されるテキスト
type	必須	ボタンのタイプを指定する。「primary」「secondary」「positive」「negative」の4つか、直接、カラーを指定する
icon		ボタンに付けるアイコン画像の指定する。全アイコンはSemantic UI Icon(https://semantic-ui.com/elements/icon.html)を参照

ここまで追記できら保存し、画面に表示される「Show modal」ボタンをクリックしてください。次のようにモーダルが表示されているかと思います(画像は設定しなければ表示されません)。

●プロフィールモーダルの表示

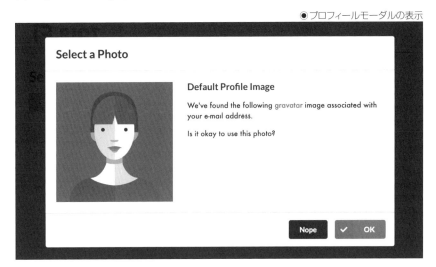

これ以外にも、画面全体に広がるモーダルのデモも公式サイトで紹介されているので、見てみてください。

▶ Validation Error

次はバリデーションエラーです。バリデーションエラーは事前に実装・スタイリングすることも多いと思いますが、フレームワーク標準のものを使うとイベントハンドラでの制御がしやすく、検討する価値はあると思うので説明します。先ほどと同様に、**app_origin.riot** をコピーし、新たに **app.riot** を作成して、次の内容を追記してください。

`SAMPLE CODE` app.riot

```
  <h1>{ props.title }</h1>
+ <div class="ui form">
+   <div class="field">
+     <label>Address</label>
+     <input type="text" />
```

```
        <!--⑪ -->
+       <su-validation-error name="address" errors={ errors } />
+     </div>
+     <div class="inline field">
+       <su-checkbox>I agree to the terms and conditions</su-checkbox>
        <!--⑪ -->
+       <su-validation-error name="agree" errors={ errors } />
+     </div>
+   </div>

    ...

    export default {
+     errors: {
+       address: ['The address field is required.'],
+       agree: ['You must agree to the terms and conditions.']
+     },
```

⑪では、エラーメッセージを指定していますが、errors と配列をそのままセットしています。semantic-ui-riot が内部的に name 属性を参照し、どのフォームにどのエラーメッセージを評するかを判定しているので、name 属性の指定を忘れないようにしてください。

ここまで追記できたら保存し、画面を見ると、次のようにエラーメッセージが表示されると思います。

●バリデーションエラーの表示

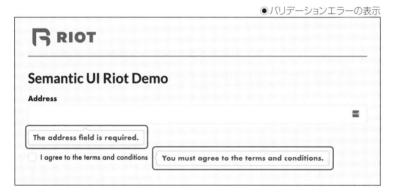

このままでは初期表示からずっとエラーメッセージが表示されてしまっているため、動的にエラーを表示するように変更してみましょう。また、対象のフォームも赤く表示されるとよりわかりやすくなるので、合わせて変更していきます。

SAMPLE CODE app.riot

```
    <div class="ui form">
      <!-- ⑫ -->
+     <div class="field { errors.address && 'error' }">
        <label>Address</label>
```

```
+    <input type="text" oninput={ handleInput } />
     <su-validation-error name="address" errors={ errors } />
   </div>
   <!-- ⑫ -->
+  <div class="inline field { errors.agree && 'error' }">
+    <su-checkbox checked={ isTermCheck } onchange={ handleChangeCheckbox }>
+      I agree to the terms and conditions
+    </su-checkbox>
     <su-validation-error name="agree" errors={ errors } />
   </div>
 </div>

...

   <script>
     // ⑬
+    const errorMessages = {
+      address: ['The address field is required.'],
+      agree: ['You must agree to the terms and conditions.']
+    }
+

...

     errors: {
       // ⑬
-      address: ['The address field is required.'],
+      address: '',
-      agree: ['You must agree to the terms and conditions.']
+      agree: ''
     },
     onBeforeMount() {
       // any processing
-    }
+    },
     // ⑫
+    isTermCheck: false,
+    handleInput(e) {
+      if (e.target.value.length > 0)
+        this.errors.address = ""
+      else
+        this.errors.address = errorMessages.address
+
+      this.isTermCheck = !this.isTermCheck
+      this.update()
+    },
+    handleChangeCheckbox(e) {
```

```
+    if (e.target.checked)
+      this.errors.agree = ""
+    else
+      this.errors.agree = errorMessages.agree
+
+    this.update()
+  }
```

⑫では、エラー時にフォームも赤く表示したい場合は、`class="field"` に `error` という値を追加する必要があります。チェックボックスのチェック判定のために `isTermCheck` というフラグを用意し、`handleInput()` メソッド内でトグル的に変化するように設定しています。

⑬では、エラーメッセージは動的に変更されないため、`const` で定数化してしまいました。また、初期表示時はエラーメッセージは表示したくないため、空文字を指定しています。

ここまで変更できたら保存し、画面を見ると、初期レンダリングではエラーメッセージが表示されていないかと思います。次に入力フォームに任意の文字を入力したり、すべての文字を削除してみたり、またチェックボックスのチェックのON/OFFを切り替えてみてください。次の画像のようにエラーメッセージが表示されたり消えたりしたら成功です。

●動的にエラーハンドリング入力なし

●動的にエラーハンドリング入力あり

「エラーメッセージは各フォームの下ではなく、どこかにまとめて表示したい！」という要望もあるかもしれません。その場合は次のようにするとよいでしょう。

SAMPLE CODE

```
<div class="ui form">
  <div class="field { errors.address && 'error' }">
    <label>Address</label>
    <input type="text" oninput={ handleInput } />
-   <su-validation-error name="address" errors={ errors } />
  </div>
  <div class="inline field { errors.agree && 'error' }">
    <su-checkbox onchange={ handleChangeCheckbox }>
      I agree to the terms and conditions
    </su-checkbox>
-   <su-validation-error name="agree" errors={ errors } />
  </div>
+ <su-validation-error errors={ (errors.address || errors.agree) && errors } />
</div>
```

では保存して、画面からエラーメッセージを表示してみましょう。次のような表示になっていたら成功です。

●エラーメッセージの集約

▶ Semantic UI Riotを用いたログインフォーム

最後に、Semantic UIを使ったログイン画面のデモを紹介します。Semantic UI RiotもこのCSSフレームワークに乗っかったUIフレームワークなので、本家のスタイリングを参考にすることも多くなることが予想されます。こちらの説明は割愛させていただきますので、興味ある方は公式サイトを参照してみてください。

```
<div class="ui placeholder segment">
  <div class="ui two column very relaxed stackable grid">
    <div class="column">
      <div class="ui form">
```

```
    <div class="field">
      <label>Username</label>
      <div class="ui left icon input">
        <input type="text" placeholder="Username">
        <i class="user icon"></i>
      </div>
    </div>
    <div class="field">
      <label>Password</label>
      <div class="ui left icon input">
        <input type="password">
        <i class="lock icon"></i>
      </div>
    </div>
    <div class="ui blue submit button">Login</div>
  </div>
</div>
<div class="middle aligned column">
  <div class="ui big button">
    <i class="signup icon"></i>
    Sign Up
  </div>
</div>
</div>
<div class="ui vertical divider">
  Or
</div>
</div>
```

画面に表示すると次のようになります。とてもシンプルかつスタイリッシュなログイン画面が簡単に作れますね。

●Semantic UIによるログインフォーム

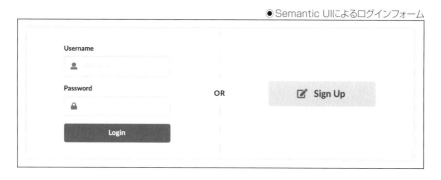

　以上、少し長くなりましたが、Semantic UI Riotについての紹介は終了となります。まだまだ便利なコンポーネントがたくさんありるので、ぜひ公式サイトにアクセスしていろいろと見てみてください！　CSSフレームワークを使ったことがない方は、便利さが伝わったと思いますし、経験者の方にもRiot.js用のCSSフレームワークも存在し、十分に使えると感じていただけたら嬉しいです。今後スタイリングする際の1つの選択肢としてSemantic UI Riotも検討してもらえればと思います!

その他のフレームワークとの組み合わせ

　本章の最後は、他のCSSフレームワークと組み合わせについて説明します。先ほどは Semantic UI Riotに触れましたが、基本的にRiot.jsはサードパーティ製のライブラリとの共存がしやすいライブラリなので、気に入っているライブラリを導入することが可能だと思います。

　今回はその中でも、**Material Design**と**Ionic**という2つのフレームワークとの共存を見ていきますが、基本的にはCDN経由でそれぞれのフレームワークのコアスタイリングファイルをインポートし、**class**名などをそれぞれのフレームワークの記法に従う流れとなります。

ⅢⅡ Material Designとの組み合わせ

　Material DesignはGoogle社製のCSSフレームワークです。このフレームワークが生まれてから現在でも、Googleの各種サービスやAndroidのスタイリングにはMaterial Designが利用されております。188ページでも触れたように、このフレームワークをベースにした現代の3大JavaScriptフレームワークに対応したCSSフレームワークも生み出されており、そのデザインの設計思想やスタイリングの美しさは世界中で評価されています。

- Material Design
  - `URL` https://material.io/

●Material Design

　ぜひ、Material Designのガイドラインを読んでみましょう。すべてを読む必要はないですが、そのデザインの設計思想に触れてみるといろいろ学びが多いと思います。特に次の項目をオススメします。

- Environment
- Layout
- Color
- Typography
- Platforms

このすべてを試すと長くなってしまうので、いくつかをピックアップして見ていきます。Plunker のテンプレートをforkし、**index.html** でMaterial Design用のソースコードを読み込みます。ついでにタイトルも変更してしまいます。

SAMPLE CODE index.html

```
-   <title>Riot demo</title>
+   <title>Riot with Material Design demo</title>
    <link rel="stylesheet" href="app.css">
    <script src="https://unpkg.com/riot@4/riot+compiler.min.js"></script>
+   <script src="https://unpkg.com/material-components-web@v4.0.0/dist/
+ material-components-web.min.js"></script>
+   <link href="https://unpkg.com/material-components-web@v4.0.0/dist/
+ material-components-web.min.css" rel="stylesheet">
+   <link rel="stylesheet" href="https://fonts.googleapis.com/icon?family=Material+Icons">

...

    riot.mount('app', {
-   title: 'HelloRiot.js!'
+   title: 'Hello Riot with Material Design'
    })
```

では、実際にMaterial DesignがRiot.jsのコンポーネント内で使えるのかを確認してみましょう。

SAMPLE CODE app.riot

```
    <h1>{ props.title }</h1>
+ <button class="mdc-button">
+   <span class="mdc-button__ripple"></span>
+   Button
+ </button>
```

追記できたら保存してください。次のように画面にボタンが表示されたら動作しています（フォントは少し異なるかもしれません。筆者はFuturaが好きで、ブラウザのデフォルトの設定を変えています）。

●Riot.jsでのMaterial Designの動作確認

また、「BUTTON」というボタンをクリックしてみてください。ボタン上にアニメーションが動作すると思います。これがMaterial Designの特徴的な表現効果の1つで、**Ripple Effect**と名前が付いています。このアニメーションは面白く、クリックした位置から全体に流れるようなアニメーションが発生します。

ではいくつかのコンポーネントを見ていきましょう。まずはボタンコンポーネントです。すべてを書くと長いので、いくつかピックアップしてもらっても問題ありません。

SAMPLE CODE app.riot

```
+ <p>○ Base Buttons</p>
  <button class="mdc-button">
    <span class="mdc-button__ripple"></span>
    Button
  </button>
+ <button class="mdc-button mdc-button--raised">
+   <span class="mdc-button__ripple"></span>
+   Button
+ </button>
+ <button class="mdc-button mdc-button--outlined">
+   <span class="mdc-button__ripple"></span>
+   Button
+ </button>
+ <button class="mdc-button mdc-button--unelevated">
+   <span class="mdc-button__ripple"></span>
+   Button
+ </button>
```

ここまで変更できたら保存し、画面を見てみてください。次のように4つのボタンが表示されたら成功です。

●Material Designの4パターンのボタン

Riot with Material Design

○ **Base Buttons**

BUTTON BUTTON BUTTON BUTTON

もう少し実践的ないくつかのバリエーションのボタンもあるので、見てみましょう。

SAMPLE CODE app.riot

```
    </button>
+
+   <hr />
+
+   <p>○ Various Buttons</p>
+   <button class="mdc-button mdc-button--outlined">
+     <div class="mdc-button__ripple"></div>
+     <i class="material-icons material-icon-button__icon">favorite</i>Button
+   </button>
+   <button class="mdc-button mdc-button--raised" onclick={ handleToggle }>
+     <i if={ isLiked } class="material-icons material-icon-button__icon">favorite</i>
+     <i if={ !isLiked } class="material-icons material-icon-button__icon">favorite_border</i>
+   </button>
+   <button class="mdc-button mdc-button--raised" disabled>
+     <div class="mdc-button__ripple"></div>
+     Button
+   </button>
+   <button class="mdc-fab mdc-button--raised">
+     <div class="mdc-button__ripple"></div>
+     <i class="material-icons material-icon-button__icon">add</i>
+   </button>
    ...

    export default {
+     isLiked: false,
      onBeforeMount(props, state) {
        // any processing
-     }
+     },
+     handleToggle() {
+       this.isLiked = !this.isLiked
+       this.update()
+     }
    }
```

ここまで追記できたら保存してください。次のように4つのボタンが表示されると思います。左から、アイコン付きのボタン、真ん中がトグルボタン（クリックしてみてください）、右がdisabledのボタン（クリックできないようになっています）になっています。

●Material Designのボタンのさまざまなバリエーション

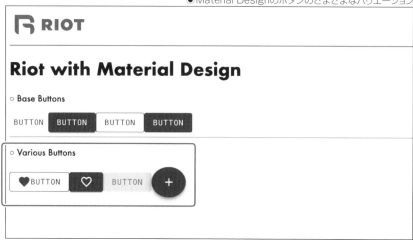

ボタンコンポーネントに関してはこれで終了ですが、少し記述量が多くRiot.jsを使っている感じがないので、Riot.js用のコンポーネントに書き換えてみたいと思います。 **components** ディレクトリ内に **rmd-button.riot** ファイルを作成し、次の内容を追記してください。

SAMPLE CODE rmd-button.riot

```
<rmd-button>
  <button { ...attributes }>
    <span if={ isRipple } class="mdc-button__ripple"></span>
    <slot />
  </button>

  <script>
    export default {
      attributes: {},
      onBeforeMount(props) {
        this.isRipple = props.ripple ? props.ripple : false
        this.attributes.class = `
          ${props.raised ? "mdc-button--raised" : ""}
          ${props.outlined ? "mdc-button--outlined" : "" }
          ${props.unelevated ? "mdc-button--unelevated" : ""}
          mdc-button
        `
      }
    }
  </script>
</rmd-button>
```

作成できたら、このコンポーネントを読み込みます。

SAMPLE CODE index.html

```
  <script type="riot" src="./app.riot"></script>
+ <script type="riot" src="./components/rmd-button.riot"></script>
```

今回のポイントは **<slot />** を使うところです。CHAPTER 02でも少し触れた**slot**ですが、**実行時にテンプレート内の任意のカスタムコンポーネントの内容を注入してコンパイルすることができるRiot.jsの特別なコア機能**です。イメージとしては次のようになります。

●slotのイメージ

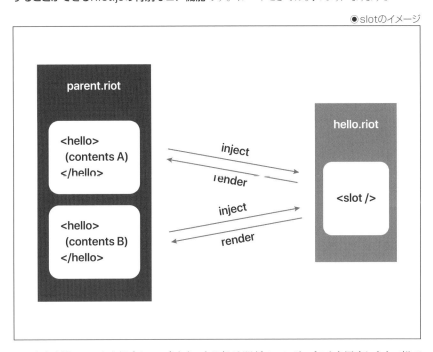

これも実際のコードを紹介していきます。ある親子関係のコンポーネントを用意します。親である parent コンポーネントと、子である hello コンポーネントが次のようにコードになっていたとします。

SAMPLE CODE parent.riot

```
<parent>
  <hello title="Riot.js">
    <p>I'm a <b>John.</b></p>
  </hello>
  <hello title="Node.js">
    <p>I'm a <b>Nancy.</b></p>
  </hello>
</parent>
```

SAMPLE CODE hello.riot

```
<hello>
  <h1>Hello { props.title }!</h1>
  <slot/>
</hello>
```

これらのタグをマウントすると、次のようになります。

```
<parent>
  <hello>
    <h1>Hello Riot.js!</h1>
    <p>I'm a <b>John.</b></p>
  </hello>
  <hello>
    <h1>Hello Node.js!</h1>
    <p>I'm a <b>Nancy.</b></p>
  </hello>
</parent>
```

このように、中身はマウントされるコンポーネントによって動的に変化させたい、というときに使えるのが **<slot>** というカスタムコンポーネントになります。これの拡張版として、**名前付きスロット**という機能もあるので、もし興味があれば公式サイトを参照してください。

- 名前付きスロット

  URL https://riot.js.org/ja/api/#名前付きスロット

この機能によってコンポーネントの呼び出し元で中身を指定し、後はボタンの設定については属性で指定するだけでよくなります。これにより **app.riot** の記述量がだいぶ削減できるので見てみましょう。

SAMPLE CODE app.riot

```
- <button class="mdc-button">
-   <span class="mdc-button__ripple"></span>
+ <rmd-button ripple={ true }>
    Button
- </button>
+ </rmd-button>
- <button class="mdc-button mdc-button--raised">
-   <span class="mdc-button__ripple"></span>
+ <rmd-button ripple={ true } raised={ true }>
    Button
- </button>
+ </rmd-button>
- <button class="mdc-button mdc-button--outlined">
-   <span class="mdc-button__ripple"></span>
+ <rmd-button ripple={ true } outlined={ true }>
```

▼

05

Riot.jsでのスタイリング

```
      Button
-   </button>
+   </rmd-button>
-   <button class="mdc-button mdc-button--unelevated">
-     <span class="mdc-button__ripple"></span>
+   <rmd-button ripple={ true } unelevated={ true }>
      Button
-   </button>
+   </rmd-button>
```

どうでしょうか？　かなりスッキリしたのではないかと思います。こちらの **rmd-button** コンポーネントはお気に入り（fab）ボタンにも流用できるので、もしお気に入りボタンもやってみたい方はぜひ試してみてください。呼び出し元は次のようになると思います。

SAMPLE CODE app.riot

```
<rmd-button fab={ true } raised={ true } expanded={ true } >
  <i class="material-icons material-icon-button__icon">add</i>
</rmd-button>
```

次に簡単なアイコンコンポーネントです。まずはRiot.js用のアイコンコンポーネント **rmd-icon** を用意しています。 **components** ディレクトリに **rmd-icon.riot** ファイルを作成し、次の内容を追記してください。

SAMPLE CODE rmd-icon.riot

```
<rmd-icon>
  <i class="material-icons"><slot /></i>
</rmd-icon>
```

追記できたら、このコンポーネントを読み込みます。

SAMPLE CODE index.html

```
  <script type="riot" src="./app.riot"></script>
  <script type="riot" src="./components/rmd-button.riot"></script>
+ <script type="riot" src="./components/rmd-icon.riot"></script>
```

では次にこれを利用してみましょう。こちらもすべてを記述する必要はありません。

SAMPLE CODE app.riot

```
  <h1>{ props.title }</h1>
+ <p>◯ Icons</p>
+ <rmd-icon>favorite</rmd-icon>
+ <rmd-icon>help_outline</rmd-icon>
+ <rmd-icon>book</rmd-icon>
+ <rmd-icon>mood</rmd-icon>
+ <rmd-icon>shopping_cart</rmd-icon>
+ <rmd-icon>print</rmd-icon>
+ <rmd-icon>schedule</rmd-icon>
+ <rmd-icon>thumb_up</rmd-icon>
```

ここまで追記できたら保存し、画面を見てみてください。次のようにアイコンが表示されていたら成功です。

●Material Iconsのいくつかを表示

Riot with Material Design

○ Icons

ソースコードを見るととてもシンプルですね。その他のアイコンを見たい方は、次のURLから探してみてください。

● Material Icons

`URL` https://material.io/resources/icons/

最後に、カードコンポーネントを見ていきます。今回はほぼすべてのHTMLを丸ごと **rmd-card** コンポーネントに含めていますが、Riot.jsの名前付きスロット機能を用いて、共通化することも可能です。 **components** ディレクトリに **rmd-card.riot** ファイルを作成し、次の内容を追記してください。

SAMPLE CODE rmd-card.riot

```
<rmd-card>
  <div class="mdc-card">
    <div class="mdc-card__primary-action" tabindex="0">
      <div class="mdc-card__media mdc-card__media--16-9" />
      <div class="demo-card__primary">
        <h2 class="mdc-typography mdc-typography--headline4">Our Changing Planet</h2>
        <h3 class="mdc-typography mdc-typography--subtitle2">by Kurt Wagner</h3>
      </div>
      <div class="demo-card__secondary mdc-typography mdc-typography--body2">
        Visit ten places on our planet that are undergoing the biggest changes today.
      </div>
    </div>
    <div class="mdc-card__actions">
      <div class="mdc-card__action-buttons">
        <rmd-button ripple={ true }>
```

```
      READ                                                    ▼
    </rmd-button>
  </div>
  <div class="mdc-card__action-icons">
    <rmd-button icon={ true }>
      <rmd-icon>favorite_border</rmd-icon>
    </rmd-button>
    <rmd-button icon={ true }>
      <rmd-icon>share</rmd-icon>
    </rmd-button>
    <rmd-button icon={ true }>
      <rmd-icon>more_vert</rmd-icon>
    </rmd-button>
  </div>
 </div>
</div>
<style>
  .mdc-card__media {
    /* URL が長いので改行してます */
    background-image: url('https://material-components.github.io/
    material components web catalog/static/media/photos/3x2/2.jpg');
  }
  .demo-card__primary,
  .demo-card__secondary {
    padding: 1rem;
  }
</style>
</rmd-card>
```

追記できたら読み込みます。

SAMPLE CODE index.html

```
 <script type="riot" src="./app.riot"></script>
 <script type="riot" src="./components/rmd-button.riot"></script>
 <script type="riot" src="./components/rmd-icon.riot"></script>
+ <script type="riot" src="./components/rmd-card.riot"></script>
```

SAMPLE CODE app.riot

```
 <h1>{ props.title }</h1>
+ <rmd-card />
```

ここまで変更できたら保存し、アプリケーションを再起動してください。次のように表示された
ら成功です。

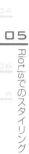

●Material Designカード

このように、Riot.jsとMaterial Designは共存できることがわかりました。また、Riot.jsでのCSSフレームワークの使い方も何となくつかめたのではと思います。本書ではいくつかのコンポーネントのみを取り上げましたが、公式サイトには他にも美しいコンポーネントがたくさん用意されているので、ぜひ、アクセスして見てみてください。また、今回のMaterial DesignのデモをPlunkerで作成してあるので、参考として下記にURLを記載しておきます。

URL https://plnkr.co/edit/BhrBcK9OQAQhExy7

▐▐▐ Ioincとの組み合わせ

他の選択肢として筆者がおすすめするものとして**Ionic Framework**というUIフレームワークがあります。このフレームワークを用いると、**WebアプリをiOS/Androidのネイティブアプリにビルド**することができ、1つのソースコードでマルチプラットフォームのアプリケーションの開発ができます。

● Ionic Framework

`URL` https://ionicframework.com

●Ionicの公式サイト

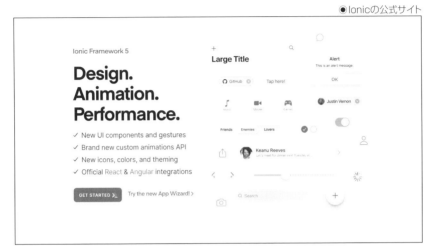

デフォルトで用意されているコンポーネントを置いていくだけで、美しいアプリケーションが出来上がります。お恥ずかしい話ですが筆者はスタイリングがあまり得意ではなく、Ionicはその辺りをカバーしてくれるありがたいフレームワークです。

では実際に見ていきましょう。Plunkerのテンプレートをforkし、`index.html` でIonic用のソースコードを読み込みつつ、タイトルも変更してしまいます。

`SAMPLE CODE` index.html

```
-    <title>riot demo</title>
+    <title>Riot with Ionic demo</title>
     <link rel="stylesheet" href="app.css">
     <script src="https://unpkg.com/riot@4/riot+compiler.min.js"></script>
+    <script type="module" src="https://cdn.jsdelivr.net/npm/@ionic/core/dist/ionic/ionic.esm.js">
+    </script>
+    <script nomodule src="https://cdn.jsdelivr.net/npm/@ionic/core/dist/ionic/ionic.js"></script>
+    <link rel="stylesheet" href="https://cdn.jsdelivr.net/npm/@ionic/core/css/ionic.bundle.css"/>
     </head>

     ...

     riot.mount('app', {
```

▼

```
-   title: 'Hello Riot.js!'
+   title: 'Hello Riot with Ionic'
  })
```

では、実際にIonicがRiot.jsのコンポーネント内で使えるのか確認してみましょう。

SAMPLE CODE

```
- <app>
-   <h1>{ props.title }</h1>
+ <app mode="ios">
+   <ion-app class="padding">
+     <ion-content>
+       <h1>{ props.title }</h1>
+       <ion-button expand="block">click me</ion-button>
+     </ion-content>
+   </ion-app>
  </app>
```

ここまで変更できたら保存し、アプリケーションを再起動してみてください。次の画像のように
ボタンが表示されていたら動作しています。

●Riot.jsでのIonicの動作確認

> Preview
>
> ‹ › ↻ /
>
> # Hello Riot with Ionic
>
> **CLICK ME**

ではいくつかのコンポーネントを見ていきましょう。まずはボタンコンポーネント(**ion-button**)です。

SAMPLE CODE app.riot

```
- <ion-app>
+ <ion-app class="ion-padding">
    <h1>{ props.title }</h1>
-   <ion-button>click me</ion-button>
+   <ion-content>
```

```
+    <div class="buttons">
+      <!-- Default -->
+      <ion-button>Default</ion-button>
+      <!-- Anchor -->
+      <ion-button href="#">Anchor</ion-button>
+      <!-- Colors -->
+      <ion-button color="primary">Primary</ion-button>
+      <ion-button color="secondary">Secondary</ion-button>
+      <ion-button color="tertiary">Tertiary</ion-button>
+      <ion-button color="success">Success</ion-button>
+      <ion-button color="warning">Warning</ion-button>
+      <ion-button color="danger">Danger</ion-button>
+      <ion-button color="light">Light</ion-button>
+      <ion-button color="medium">Medium</ion-button>
+      <ion-button color="dark">Dark</ion-button>
+    </div>
+  </ion-content>
   </ion-app>
```

　追記できたら保存してアプリケーションを再起動してください。次のように9つのボタンが表示されていると思います。ついでに、画面全体のパディングを付けました。これはバッジコンポーネント（ `ion-badge` ）でも同様の記述、かつ `color` 属性が使えるので試してみてください。

●ボタンコンポーネントの表示

では次に、カードコンポーネント(`ion-card`)です。

SAMPLE CODE app.riot

```
     </div>
+
+    <ion-card>
+      <ion-img src="https://ionicframework.com/img/homepage/demo-image.png"></ion-img>
+      <ion-card-content>
+        <ion-card-header>
+          <ion-card-subtitle>Card Subtitle</ion-card-subtitle>
+          <ion-card-title>Card Title</ion-card-title>
+        </ion-card-header>
+        <p>Here's a small text description for the card component.
+          Nothing more, nothing less.
+        </p>
+        <ion-item>
+          <ion-button fill="solid">Action</ion-button>
+          <ion-icon name="heart" slot="start"></ion-icon>
+          <ion-icon name="share" slot="end"></ion-icon>
+        </ion-item>
+      </ion-card-content>
+    </ion-card>
     </ion-content>
```

追記できたら保存してアプリケーションを再起動してください。次のように美しいカードが表示されていると思います。

●カードコンポーネントの表示

CARD SUBTITLE

Card Title

Here's a small text description for the card component. Nothing more, nothing less.

Action

最後に、リストコンポーネント（ `ion-list` 、`ion-item` ）です。

SAMPLE CODE app.riot

```
    </ion-card>
+   <ion-list>
+     <ion-item>
+       <ion-icon name="person-circle-outline"></ion-icon>
+       <ion-label>Pokémon Yellow</ion-label>
+     </ion-item>
+     <ion-item>
+       <ion-icon name="person-circle-outline"></ion-icon>
+       <ion-label>Mega Man X</ion-label>
+     </ion-item>
+     <ion-item>
+       <ion-icon name="person-circle-outline"></ion-icon>
+       <ion-label>The Legend of Zelda</ion-label>
+     </ion-item>
+     <ion-item>
+       <ion-icon name="person-circle-outline"></ion-icon>
+       <ion-label>Pac-Man</ion-label>
+     </ion-item>
+     <ion-item>
+       <ion-icon name="person-circle-outline"></ion-icon>
+       <ion-label>Super Mario World</ion-label>
+     </ion-item>
+   </ion-list>
    </ion-content>
```

追記できたら保存してアプリケーションを再起動してください。次のようにシンプルなリストが表示されていると思います。

◉リストコンポーネントの表示

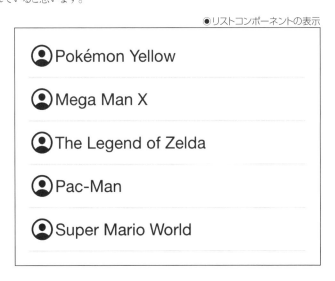

このように、Riot.jsとIonicも共存できることがわかりました。また、Ionicが提供するスタイリングやUIコンポーネントが美しいこともわかるかと思います。今回のIonicのデモをPlunkerで作成しているので、参考としてURLを記載しておきます。

URL https://plnkr.co/edit/yQnskuxttDJAyOClwTJi

また、執筆時点の日本において、Ionicについての本格的な日本語の書籍は榊原昌彦先生（https://twitter.com/rdlabo）による『Ionicで作る モバイルアプリ制作入門［Angular版］Web/iPhone/Android対応』（C&R研究所感）という書籍のみとなっています。有志による技術同人誌もいくつか自費出版されており、技術書典というイベントでも販売されておりますが、商業誌として本格的に一からIonicを勉強し実践的なアプリケーションの開発まで言及している書籍はこの1冊かと思います。

もしネイティブアプリケーションの開発まで考えられている方は、一度、検討されてみることをオススメします。ネイティブアプリケーション開発用の言語（Swift/Kotlinなど）ではなく、Webアプリケーションの技術（HTML/CSS/JavaScript、一部TypeScript）があればスタートできますし、上記の書籍がとてもわかりやすいので、もしクロスプラットフォーム開発を考えているのであればIonicは選択肢の1つとしてオススメします。

▌▌▌ おわりに

本章では、Riot.jsを使ったWebアプリケーション開発をする上でのスタイリングについて見てきました。周辺ツールや開発環境、Riot.jsでのスタイリングの作法、落とし穴、CSSフレームワークなど、外部サービスやフレームワーク、ライブラリの紹介だらけになってしまいましたが、それほどフロントエンドの世界の技術の進化や変化は著しく、キャッチアップしていかないといけないと思う反面、とても未来のある分野だなと筆者は感じます。

また、これだけいろいろなツールが生まれたということは、スタイリングするための手助けしてくれるものの選択肢が多く、より簡単にスタイリングができるということでもあると思います。ですので、日々、市場調査し、各技術のキャッチアップをしていけたらと思います。特にWeb業界の方々はTwitterや勉強会でも発信されている方が多いので、困ったり情報をどこから得ればよいかわからなくなった場合は、見てみていただくとよいでしょう。

皆さんのアプリケーション開発にマッチするツールは必ずあると思いますので、ぜひ。いろいろと調べて触ってみてください！ また、そこで得た知見やノウハウを発信していただければ、同じような問題で悩む誰かの助けにもなるので、OSSへの貢献の意味も兼ねて、ぜひ、発信もしていただければと思います！

CHAPTER 06

CMSの開発

Riot.jsでSPAを作ってみよう

　本書の最後の章では、今まで学んできたRiot.jsの知識を使ってCMSを開発していきます。本書のタイトルにもあるように、**SPA(Single Page Application)**を開発することとなりますが、もう1つ身に付ける機能が登場します。現代のJavaScriptフレームワークにもだいたい実装されており、SPAを作るために必須の機能と言っても過言ではない機能である**Router(ルーター)**です。このルーターを利用した画面の制御のことを**Routing(ルーティング)**ともいいます(ネットワーク機器の「ルーター」とは別のソフトウェアです)。

　SPAは、ルーターによりサーバーとの通信(HTTP通信)はせず、表示するHTMLをJavaScriptで動的に制御し、あたかも高速に画面遷移しているように見せる工夫がなされたアプリケーションです。その名前のとおり、基本的には1ページ(1つのHTMLファイル)のシングルなものとなりますが、表示するコンテンツとしては複数のページ(ページコンポーネント)存在します。

　勘の鋭い方は気付いているかもしれませんが、要はサーバーとの通信が発生せず、見た目のコンテンツが変わればいいので、ルーターを使わずともjQueryでもSPAを作ることは可能です。しかし、一から作るのとJavaScriptフレームワークの機能やルーターの恩恵に預かった状態で開発するのでは手軽さと開発速度が段違いなので、「巨人の肩に乗る」ではないですが、素直にフレームワーク・ルーターを利用することをオススメします。

　本章の流れは次のようになります。

- Riot.jsでSPASを作ってみよう(本項)
- ルーターの導入
  - @riotjs/router を使ってみよう
- Netlifyでアプリ管理をしてみよう
  - 静的コンテンツのホスティング
  - 作ったアプリケーションをデプロイ・全世界に公開
  - ドメインの設定

　本章が本題といってもよく、書いてて一番楽しいかもしれません。それではRiot.jsでSPAを作っていきましょう!

ルーターの導入

本節では、主にSPAやルーター、ルーティングの座学をした後、実際に簡単なSPAを開発しながら、**@riotjs/route** ライブラリを導入してルーティングの仕方を身に付けていただければと思います。それでは始めましょう!

III SPAとは?

そもそも**SPA(Single Page Application)**とは何かについても軽く触れておきます。明確な定義は難しいのですが、SPAとは次の性質を満たすWebアプリケーションのことをいいます。

- 単一のページ(1つの「.html」ファイル)で構成される
- サーバーとの通信はするものの、画面遷移はしない
- 表示するコンテンツを動的に変化

具体的には次のような実装になります。まず初回アクセス時に、どのURLにアクセスされても全コンテンツをレスポンスします。

● 初回アクセス

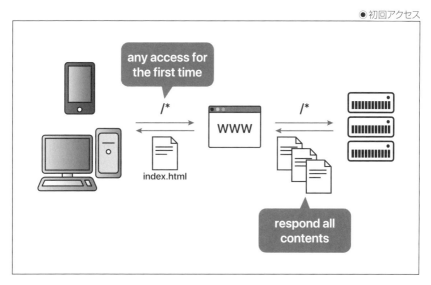

そして、2回目のアクセス時にはサーバーにアクセスせず、Webブラウザに保持してあるコンテンツをルーティングにより対応するコンテンツを返します。

● 2回目以降のアクセス

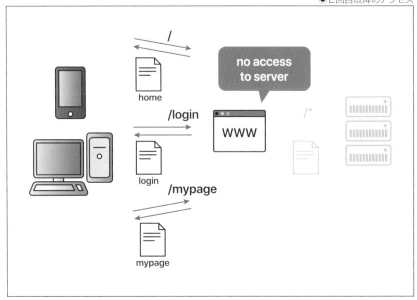

　サーバーとの通信はしますが、画面遷移をしないことにより、いわゆるシームレスにWebアプリケーションの各画面にアクセスすることができるので、ユーザー体験がとても改善しました。その特徴から、全世界に一気にSPAの流れが起き、現在ではWebアプリケーションのデファクトになりつつあります。

● サーバー/APIとの通信

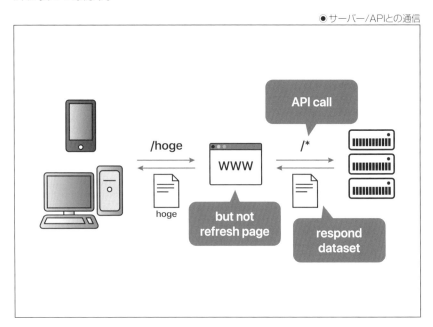

また、SPAにはルーティングの機能が必須、そしてそのルーティングを担うのがルーターです。厳密には、ルーティングとは**どのURLにアクセスされたらどの処理を行うかを制御する仕組み**のことをいいます。たとえば、/ というURLに来たらホーム画面が、/login というURLに来たらログイン用の入力画面が、/mypage というURに来たら個人情報や、自分の購入履歴などのマイページが表示されてほしいですよね。このように、特定のURLとそれに対応する画面の表示や処理をすることは一対一で紐付けれており、その紐付けに振り分けるのがルーティングです。ちなみにこれは、APIでも同様です。

||| Riot.js用ルーター

以前のバージョンのRiot.jsには、ルーターの機能が標準で備わっていました。しかし、version3からはスタンドアローンのライブラリとして切り出されました。その理由としては、**今後はニーズに合ったルーターを好きに組み合わせて使えるようにする**、とのことでした。1つのライブラリとして切り出されましたが、その後も公式チームによりメンテナンス・開発は続けられており、現在のversion4にも対応しています。

● Riot2からのマイグレーション

`URL` https://v3.riotjs.now.sh/ja/guide/migration-from-riot2/
#riotrouteをコアから削除

version3のRiot.js用ルーターは **riot-route**（https://www.npmjs.com/package/riot-route）、version4のRiot.js用ルーターは **@riotjs/route**（https://www.npmjs.com/package/@riotjs/route）という名前で公開されております。異なる名前でnpmに公開されていますが、どちらもソースコードは同じGitHubリポジトリで管理されています。

また、version4からはルーターだけでなく、その他のライブラリも一律、**@riotjs/xxx** という名前で公開されているので、検索性が向上しています（例：**@riotjs/observable**、**@riotjs/hot-reload** など）。その他のライブラリについては、巻末の「エコシステム一覧」を参照してください。

||| 簡単なSPAを作ってみよう

ルーターに慣れるためにも、一度、簡単なSPAを2パターン作ってみましょう。まずは開発環境からですが、前章と同様にPlunkerなどのオンラインエディタで進めていただいてもよいですし、Parcelなどのバンドラで進めていただいても問題ありません。

Plunkerを利用する場合は、CDN経由で **@riotjs/route** を読み込む必要があります。

SAMPLE CODE index.html

```
<script type="text/javascript" src="https://unpkg.com/riot@4/riot+compiler.min.js"></script>
+ <script src="https://unpkg.com/@riotjs/route@5/route.js"></script>

...

<script>
```

```
    // ①
+   riot.register('router', route.Router)
+   riot.register('route', route.Route)

    ...

    riot
      .compile(() => {
        riot.mount('app', {
-         title: 'Hello Riot.js!'
+         title: 'Riot Route Demo'
        })
      })
```

①では、Riot.jsにルーターそのものを認識させるために **riot.register()** を実行する必要があります。というのも、**@riotjs/route** はそれ自体がコンポーネントとして存在するからとなります。

Parcelを利用する場合は、npm経由でインストールする必要があるので、コマンドラインツールから次のコマンドを実行してください。

```
$ yarn add @riotjs/route
```

インストールできたら、アプリケーションで読み込みつつ、Riot.jsにコンポーネントとして読み込ませる必要があります。

SAMPLE CODE app.riot

```
  <script>
+   import { Router, Route } from '@riotjs/route'
+
    export default {
+     components: {
+       Router,
+       Route
+     },
```

Parcelの場合でも次のように **riot.register()** メソッドを使う方法があります。

SAMPLE CODE main.js

```
  import '@riotjs/hot-reload'
- import {component} from 'riot'
+ import { Route, Router } from '@riotjs/route'
+ import { component, register } from 'riot'
  import App from './app.riot'

+ register('router', Router)
+ register('route', Route)
```

```
+
   component(App)(document.getElementById('app'), {
-   title: 'Hello Riot.js!'
+   title: 'Riot Route Demo'
   })
```

以上でどちらの環境でも準備は整いましたが、インポートする **@riotjs/route** のバージョンは執筆時点で **5.3.1** です。皆さんが本書をお読みになるタイミングではアップデートされている可能性がありますが、基本的には動作するかと思います。もし動かなければ、バージョンを指定して読み込んでください。

それでは実際にアプリケーションを作っていきます。まずは各URLを決めて、そこにアクセスするためのナビゲーションを用意します。今回は3画面（ホーム、寿司、ピザ）を用意し、URLはそれぞれ **/** 、 **sushi** 、 **pizza** とします。それぞれのURLにアクセスしたら、対応するコンテンツを表示させたいと思います。

まずはナビゲーションを表示していきます。なお、以降はParcelの場合で進めます。Plunkerの場合は、適宜、読み替えてください。

SAMPLE CODE app.riot

```
<app>
- <div class="app-header">
-   <img src="https://riot.js.org/img/logo/riot-logo.svg" alt="Riot.js logo" class="logo">
- </div>
  <h1>{ props.title }</h1>

  <!-- ① -->
+ <router base={base}>
+   <nav>
+     <a each={ page in pages } href="/{ page.id }">
+       { page.title }
+     </a>
+   </nav>
+ </router>

  ...

  components: {
    Router,
    Route
  },
+ pages: [
+   { id: "", title: "Home", body: "Click the link above." },
+   { id: "sushi", title: "Sushi", body: "This is the 🍣 page." },
+   { id: "pizza", title: "Pizza", body: "This is the 🍕page." }
+ ],
```

```
  // ①
+ base: `${window.location.protocol}//${window.location.host}`,
  onBeforeMount(props, state) {
    // any processing
  }

  ...

+ <style>
+   :host {
+     display: block;
+     margin: 0;
+     padding: 1em;
+     text-align: center;
+     color: #666;
+   }
+   nav {
+     display: block;
+     border-bottom: 1px solid #666;
+     padding: 0 0 1em;
+     text-align: center;
+   }
+   nav > a {
+     display: inline-block;
+     padding: 0 .8em;
+   }
+   nav > a:not(:first-child) {
+     border-left: 1px solid #555;
+   }
+ </style>
```

①では、<router> タグの中はルーティングが対象となります。このタグの外にあるリンクなどはルーターが検知しないので、普通の遷移となります。また、base 属性でルーターのベースとなるパスを設定しています。厳密にはこの設定がなくてもアプリは動作しますが、たとえば次のようにURLの階層が増えてきたとします。

```
http://riotexample.com/app/fruit/apple
```

ベースのパスを http://riotexample.com/app に設定しておくと、後述しますが、ルーターで検知する部分は /fruit/apple だけに限定できるため、シンプルに記述できます。

ここまでできたら保存してください。次のようにリンクが表示されていると思います。<style> タグの記述は省略してもいいですが、かなりナビゲーションが見にくいので、できれば記述してください。

●ルーターナビゲーションの表示

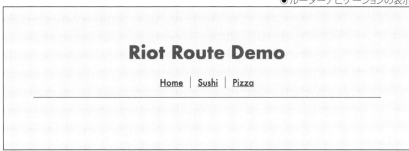

また、それぞれのリンクをクリックするとブラウザのURLがしっかり変わっているのにもかかわらず、画面がフラッシュされていないことがわかると思います。これは **<a>** タグが **<router>** タグ内に含まれているので、ルーターが特定のURLへのアクセスを検知してルーティングをしようとしているからです。

しかし、検知はしましたが、何をするかがまだ設定されていないので、コンテンツ部分を表示するように実装していきます。

SAMPLE CODE app.riot

```
  <router base={base}>
    <nav>
      <a each={ page in pages } href="/{ page.id }">
        { page.title }
      </a>
    </nav>

    <!-- ② -->
+   <route path="/(.*)">
      <!-- ③ -->
+     <h2>{getPageById(route).title}</h2>
+     <p>{getPageById(route).body}</p>
+   </route>
  </router>

  ...

  onBeforeMount(props, state) {
    // any processing
-   },
+   },
+   getPageById(route) {
+     const [id] = route.params
      // ④
+     return this.pages.find(page => page.id === id) || this.pages[0]
+   }
```

②では、<router> タグが、検知したURLからどの処理をさせるかを <route> タグに path というキーでパスを指定しています。今回、指定している /(.*) ですが、これは**正規表現**と呼ばれる特殊な表記法で、意味は難しいのでわかりやすくいうと、「スラッシュ(/)の後に続くすべての文字列にマッチ」となるので、すべてのURLが対象となります。

③では、②で指定したパスにマッチしたURLについて実行する処理を設定しています。イベントハンドラとして getPageById() というメソッドを用意していますが、<route> 内のイベントハンドラは引数としてルーターのインスタンスを受け取ります。このイベントハンドラの戻り値として、それぞれ title 、body が戻ってくるので、そのまま表示しています。

なお、このイベントハンドラは括弧付きなので、評価する際にそのまま実行されてしまいますが、ルーティングが発生するたびに評価されるので、他のイベントハンドラとは異なり、名前だけを指定せずにそのまま実行しています。

④では、ルーティングで呼ばれるイベントハンドラの処理を定義しています。引数の route にはいろんなパラメータが設定されていますが、params というパラメータ変数の中に②でマッチした文字列がセットされています。たとえば、/sushi にアクセスしますと、次のようになります。

- ベースのパス：http://localhost:1234
- アクセスしたURL：http://localhost:1234/sushi

そのため、ルーターが検知したパスは sushi となり、これが params に配列としてセットされています。後は、pages という変数をループで検索し、各要素の id と sushi が一致する要素を返却しています。もし、どの要素とも一致しなければ、pages の最初の要素を返却しています。

ここで1点、注意することがあります。もし利用しているブラウザがInternet Explorerの場合、Array.prototype.find というメソッドが実装されていません。どの機能がどのブラウザで対応されているかを確認するには「Can I Use」(https://caniuse.com/)というサービスを使うのが現在のWebフロントエンド界隈では一般的です。

◉「Can I Use」によるfindメソッドの対応状況

この対処法として、**ポリフィル（Polyfill）**というコードがMDNから用意されています。ポリフィルとは、最近の機能をサポートしていない古いブラウザーで、その機能を使えるようにするためのコード群のことです。

- findメソッドのPolyfill

  `URL` https://developer.mozilla.org/ja/docs/Web/JavaScript/
  Reference/Global_Objects/Array/find

上記のMDNの「ポリフィル」のソースコードを任意の `.js` ファイルを作成して追記し、そのファイルを `index.html` で読み込めば、アプリケーション全体で `find()` メソッドが利用可能となります。

少し長くなりましたが、ここまで変更できたら保存してアプリケーションを再起動してください。次のようにコンテンツが表示されると思います。

◉コンテンツ部分の表示（例：寿司）

また、各リンクをクリックし、それぞれURLにマッチするコンテンツが表示されること、画面がフラッシュせずシームレスにコンテンツが切り替わること、を体験していただければと思います。

▌▌▌ その他の使い方

これで簡単なSPAとしては完成ですが、`@riotjs/route` の使い方をもう少し深堀りしたいと思います。まずは②のパスの指定部分ですが、正規表現はプログラミングに精通している方であれば馴染みがあるかと思いますが、そうではない・苦手な方も多いと思いますので、正規表現を使わない方法を見ていきます。

SAMPLE CODE app.riot

```
- <route path="/(.*)">
  <!-- ⑤ -->
+ <route path="/:page">
    <h2>{getPageById(route).title}</h2>
    <p>{getPageById(route).body}</p>
  </route>
```

```
   <!-- ⑥ -->
 + <route path="">
 +   <h2>{ pages[0].title }</h2>
 +   <p>{ pages[0].body }</p>
 + </route>
```

⑤では、`:page` のように、変数名とすることでURLパラメータとして値を受け取ることができます。この **page** の名前は何でもよく、かつ階層が深くなった場合、`/:page/:page/:page` のように同じ名前を指定しても問題ありません(プログラミングの作法的には問題ですが)。

⑥では、⑤の設定だけでは、**Home** は **id** が空文字列(`""`)なので、どのパスの設定にもヒットせず、コンテンツ部分には何も表示されなくなってしまいます。したがって、検知するURLが空(ドメインのみ)の場合の設定を設けた次第です。デフォルトの設定が **Home** のタイトルとコンテンツを表示しているので、空の場合も同様にしております。

さらに、⑤でも記載していますが、URLの階層が深くなった場合を見てみたいと思います。このとき、①で触れたベースパスが効果を発揮するので、その点も合わせて確認します。

SAMPLE CODE app.riot

```
   <route path="/:page">
     <h2>{getPageById(route).title}</h2>
     <p>{getPageById(route).body}</p>
   </route>
   <!-- ⑦ -->
 + <route path="/:page/:detail">
 +   <h2>{getPageById(route).title}</h2>
 +   <p>{getPageById(route).body}</p>
 + </route>

   ...

   pages: [
     { id: "", title: "Home", body: "Click the link above." },
 -   { id: "sushi", title: "Sushi", body: "This is the 🍣 page." },
 +   { id: "sushi/yellowtail", title: "Sushi", body: "This is the 🍣 page." },
     { id: "pizza", title: "Pizza", body: "This is the 🍕 page." }
   ],
```

⑦では、**Sushi** の場合は **id** を一階層、深くしています。この設定のみでは、すべてのパスの設定にヒットしないので、パスにも2階層の設定を追加しております。

この状態でコードを保存し、アプリケーションを再起動した後、**Sushi** をクリックすると、**Home** のコンテンツが表示されると思います。これを確認するために、`route.params` の中身を見てみましょう。

SAMPLE CODE app.riot

```
  <route path="/:page">
    <h2>{getPageById(route).title}</h2>
    <p>{getPageById(route).body}</p>
+   {JSON.stringify(route.params)}
  </route>
  <route path="/:page/:detail">
    <h2>{getPageById(route).title}</h2>
    <p>{getPageById(route).body}</p>
+   {JSON.stringify(route.params)}
  </route>
```

　この1行を追記できましたら、アプリケーションを再起動し、再度 **Sushi** をクリックしてみてください。次のように **params** が表示されます。

●paramsの中身

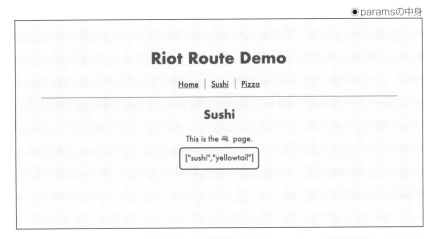

　このように、パスで2つの変数 **page**、**detail** を設定しているので、**params** にも対応する階層の値が格納されます。したがって、**getPageById()** メソッド内で **[id] = route.params** と値を **id** に格納していますが、これは配列の1つ目がセットされるので **sushi** となります。しかし、**pages** の **Sushi** の **id** は **sushi/yellowtail** なので一致せず、デフォルトの **Home** のコンテンツが表示されることになります。ちなみに、**Sushi** 以外をクリックすると、**params** は1つのみ表示されます。

　ここで、ベースパスを思い出してみてください。もし次のようにベースパスに **/sushi** を追加してみると、どうなると思いますか?

SAMPLE CODE app.riot

```
- base: `${window.location.protocol}//${window.location.host}`,
+ base: `${window.location.protocol}//${window.location.host}/sushi`,
```

実際に確認してみましょう。変更できたらアプリケーションを再起動し、再度、Sushi をクリックしてみてください。

● ベースパスを変更した場合のSushiのparams

今度は params の配列には yellowtail の1つのみ格納されています。これは先ほどの変更で、「/sushi」まで含めたパスをベースとしているため、このパス以降の文字列でルーティングを行っているからです。逆にこれ以外は通常の遷移とみなされるので、実際に他のメニューをクリックすると、URLが http://localhost:1234/sushihttp://localhost:1234/pizza となり、ルーティングされていないことがわかります。

これの対応としては、ベースパスを変更するのではなくJavaScriptの標準機能である Array.prototype.join というメソッドを使って次のように修正します。

SAMPLE CODE app.riot

```
- base: `${window.location.protocol}//${window.location.host}/sushi`,
+ base: `${window.location.protocol}//${window.location.host}`,

...

- const [id] = route.params
+ const id = route.params.join('/')
```

これで正常に動作するようになると思います。

では最後に、今の状態では単にテキストを切り替えているのみなので、これをより実践的にコンポーネントを切り替えるように変更してみましょう。まずはそれぞれのコンポーネントを作成します。 src ディレクトリ内に components ディレクトリを作成し、その中に app-home.riot 、 app-food.riot ファイルを作成します。

それぞれのファイルには次の内容を追記してください。

SAMPLE CODE app-home.riot

```
<app-home>
  <h2>{ props.title }</h2>
  <p>{ props.body }</p>


  <style>
    :host {
      padding: 1rem;
    }
  </style>
</app-home>
```

SAMPLE CODE app-food.riot

```
<app-food>
  <div style="background-color: {props.color};">
    <h2>{ props.title }</h2>
    <p>{ props.body }</p>
  </div>


  <style>
    div {
      padding: 1rem;
    }
  </style>
</app-food>
```

それでは作成したコンポーネントを読み込みつつ、ルーティングした際に表示されるように修正していきます。

SAMPLE CODE app.riot

```
    <route path="/:page">
-     <h2>{getPageById(route).title}</h2>
-     <p>{getPageById(route).body}</p>
+     <Food
+       title={ getPageById(route).title }
+       body={ getPageById(route).body }
        <!-- ⑧ -->
+       color='#ffcc99'
+     />
    </route>
    <route path="/:page/:detail">
-     <h2>{getPageById(route).title}</h2>
-     <p>{getPageById(route).body}</p>
+     <Food
+       title={ getPageById(route).title }
+       body={ getPageById(route).body }
        <!-- ⑧ -->
```

▼

```
+       color='#ccffff'
+     />
    </route>
    <route path="">
-     <h2>{ pages[0].title }</h2>
-     <p>{ pages[0].body }</p>
+     <Home title={ pages[0].title } body={ pages[0].body } />
    </route>

...

    import observable from '@riotjs/observable'
    import { Router, Route, setBase, route } from '@riotjs/route'
+   import Home from './components/app-home.riot'
+   import Food from './components/app-food.riot'

...

    Router,
    Route,
+   Home,
+   Food
    },
```

⑧では、Sushi も Pizza も両方表示するコンテンツの形式はまったく同じで、文言のみの違いでしたので、差分を付けるために背景色を付けてみました。色は **props** 経由で **color** という変数名で渡しております。

このように、ルーティングでURLに対応するコンポーネントを表示したい場合は、パスで指定した値にヒットする **<route>** タグ内にコンポーネントを配置するだけでルーターが表示を切り替えてくれます。

ここまで変更できたら保存し、アプリケーションを再起動後、各メニューのリンクをクリックしてみてください。 **Sushi** と **Pizza** のときはコンテンツ部分の背景色が変化すると思います。

●コンテンツ部分の背景色が変化する

　以上で、簡単ですが、Riot.jsを用いたSPA開発の入門は終了となります！　`@riotjs/`
`route` はスタンドアローンとして動作するように設計されているので、それ単体でルーターの
構築およびルーティングの設定ができ、よりプログラマブルに使うこともできます。公式のリポジト
リで記述されているので、もし、興味あれば参照してみてください。

- ●@riotjs/routeのスタンドアローンな使い方

  URL　https://github.com/riot/route/#standalone

　これで本格的なWebアプリケーション、本書のメインテーマでもあるSPA開発の基礎は整っ
たといえます。次節で本書の総集編となるCMSを開発していきましょう！

CMSのUIの実装

それでは始めていきますが、今回開発するCMSの画面構成について説明します。今回はオーソドックスに次のような構成を考えています。

●CMSの画面構成

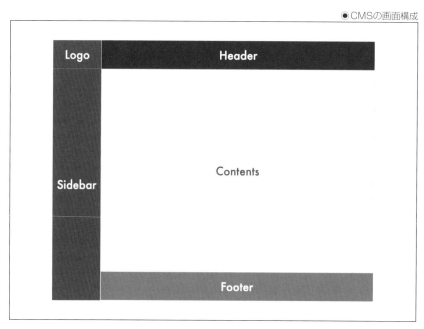

大きく4つに分けて「ヘッダー」「フッター」「サイドバー」「メインコンテンツ」のコンポーネントを用意し、メインコンテンツの中に各ページのコンテンツを表示します。また、サイドバーには各ページへのリンクを一覧で表示し、それぞれのリンクをクリックするとシームレスにメインコンテンツの中身が切り替わる、という構成となります。

▌▌▌ 開発環境の構築

前節と同様に、今回もParcelを利用して開発を進めたいと思います。他のバンドラや、Plunkerなどのオンラインエディタの場合は適宜、読み替えながら進めてください。

まずはアプリケーションに必要なライブラリをインストールします。バンドラを利用されない場合はCDN経由で読み込んでください。今回は `riot@4.11.0` 、`@riotjs/route` 、`semantic-ui-riot` 、`axios` を利用するので、コマンドラインツールで次のコマンドを実行してください。

なお、前章でも記載しましたが、`semantic-ui-riot` は執筆時点ではバージョン4.11.0以下のRiot.jsでしか動作しないので注意してください。読者の皆さまが本書を手にとっていただくときには最新バージョンにも対応している可能性はありますが、もし動作しない場合はダウングレードしてみてください。

```
$ cd テンプレートのフォルダ
$ yarn add riot@4.11.0 @riotjs/route semantic-ui-riot axios
```

Semantic UI RiotとSemantic UI本体を読み込む必要があります。

SAMPLE CODE main.js

```
  import '@riotjs/hot-reload'
  import {component} from 'riot'
+ import 'semantic-ui-riot'
  import App from './app.riot'
```

SAMPLE CODE index.html

```
  <head>
    <meta charset="UTF-8">
    <meta name="viewport" content="width=device-width, initial-scale=1.0">
    <meta http-equiv="X-UA-Compatible" content="ie=edge">
    <title>Hello Riot.js</title>
    <link rel="stylesheet" href="assets/css/style.css">
+   <link rel="stylesheet" href="https://cdn.jsdelivr.net/npm/
+ semantic-ui@2.4.2/dist/semantic.min.css">
  </head>
```

インストールできたら基本の開発環境はこれで完了です。いつも通り起動してください。また、この後で必要になるライブラリは随時インストールしていきます。

```
$ yarn start
```

なお、ESLintやPrittier、TypeScriptなどのコーディングをサポートするライブラリを入れたいというケースもあると思いますが、本書では入れないまま進めます。あくまでベースの開発環境のみを構築しているので、必要に応じて自由にカスタマイズしてください。

■ ログイン画面の実装

まずは「ログイン画面」を作成していきますが、今回は画面もコンポーネントとして作成していきます。 `src` ディレクトリ内に `pages` ディレクトリを作成し、`login.riot` ファイルを作成して次の内容を追記してください。

SAMPLE CODE login.riot

```
<login>
  <div class="ui card">
    <h2>login</h2>
  </div>

  <script>
    export default {
      onBeforeMount() {
```

▼

```
        console.log('login component!')
      }
    }
  </script>

  <style>
    :host {
      max-width: 80%;
      margin: 0 auto;
      text-align: center;
      display: flex;
      justify-content: center;
    }
  </style>
</login>
```

　とりあえず、コンポーネントがマウントされたことを確認するためにコンソールに出力しています。 `login.riot` を読み込んで表示してみましょう。

SAMPLE CODE app.riot

```
    <app>
+     <login if={ !state.isLoggedIn } />
-     <div class="app-header">
-       <img src="https://riot.js.org/img/logo/riot-logo.svg" alt="Riot.js logo" class="logo">
-     </div>
-     <h1>{ props.title }</h1>

      <script>
+       import Login from './pages/login.riot'

        export default {
+         components: {
+           Login
+         },
+         state: {
+           isLoggedIn: false
+         },
          onBeforeMount(props, state) {
            // any processing
          }
```

　ここまでできると、**Login** の文言だけ画面に表示されかつ、ブラウザのコンソールに **login component!** という文言が表示されると思います。ではこのまま、ログイン画面のUIのみ完成させていきます。完成図は次のとおりです。

● ログイン画面の完成図

SAMPLE CODE login.riot

```
<login>
  <div class="ui card">
    <h2>login</h2>
+   <div class="ui form">
+     <form onsubmit={ handleSubmit }>
+       <div class="field">
+         <div class="ui left icon input">
+           <i class="user icon"></i>
+           <input
+             type="text"
+             name="username"
+             placeholder="Enter Username"
+           />
+         </div>
+       </div>
+       <div class="field">
+         <div class="ui left icon input">
+           <i class="lock icon"></i>
+           <input
+             type="password"
+             name="password"
+             placeholder="Enter Password"
+           />
+         </div>
+       </div>
+       <div class="inline field">
+         <su-checkbox>Remember Me</su-checkbox>
+       </div>
```

```
+        <div class="inline field">
+          <button class="ui teal button">Login</button>
+        </div>
+      </form>
+    </div>
    </div>

    ...

    <style>
      :host {
        max-width: 80%;
+       height: 100vh;
        margin: 0 auto;
        text-align: center;
        display: flex;
        justify-content: center;
+       align-items: center;
      }
+     h2 {
+       font-size: 2rem;
+     }
+     .ui.card {
+       padding: 3rem;
+       width: 50%;
+     }
+     @media (max-width: 375px) {
+       .ui.card {
+         width: 100%;
+       }
+     }
    </style>
```

　ここまで変更できたら保存してください。前述の画像のように表示されると思います。マークアップは完了しましたので、次はロジックとエラーハンドリングを実装していきます。完成図は次のとおりです。

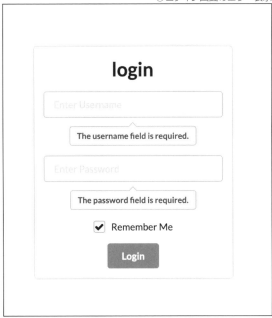

●ログイン画面のエラー表示

SAMPLE CODE login.riot

```
    <form onsubmit={ handleSubmit }>
-     <div class="field">
+     <div class="field { errors.username && 'error' }">
        <div class="ui left icon input">
          <i class="lock icon"></i>
          <input
            type="text"
            name="username"
            placeholder="Enter Username"
+           oninput={ handleInputUsername }
          />
        </div>
+       <su-validation-error name="username" errors="{ errors }" />
      </div>
-     <div class="field">
+     <div class="field { errors.password && 'error' }">
        <div class="ui left icon input">
          <i class="lock icon"></i>
          <input
            type="password"
            name="password"
            placeholder="Enter Password"
+           oninput={ handleInputPassword }
```

```
            />
        </div>
+       <su-validation-error name="password" errors="{ errors }" />
        </div>


    ...


    <script>
+   const errorMessages = {
+     username: ['The username field is required.'],
+     password: ['The password field is required.']
+   }

    export default {
      onBeforeMount() {
-       console.log('login component!')
-     }
+     },
+     errors: {
+       username: '',
+       password: ''
+     },
+     handleInputUsername(e) {
+       if (e.target.value.length > 0)
+         this.errors.username = ""
+       else
+         this.errors.username = errorMessages.username
+       this.update()
+     },
+     handleInputPassword(e) {
+       if (e.target.value.length > 0)
+         this.errors.password = ""
+       else
+         this.errors.password = errorMessages.password
+       this.update()
+     },
+     handleSubmit(e) {
+       e.preventDefault()
+       if (e.target.username.value.length === 0)
+         this.errors.username = errorMessages.username
+       if (e.target.password.value.length === 0)
+         this.errors.password = errorMessages.password
+       this.update()
+     }
+   }
    </script>
```

変更できたら保存してください。アプリケーションを再起動したら、何も入力せずに画面下の「Login」ボタンをクリックしてください。前述の画像のようにエラーメッセージが表示されると思います。

上記のエラーハンドリングは、211ページで説明した実装を少し変更したものとなります。Remember Me の項目ですが、この実装は厳密にやると少し難しいので、UIだけ実装しました。ログイン画面の実装は以上となります。

||| サイドバーの実装

では次に、ログインした後のダッシュボード画面を実装していきますが、まずは「サイドバー」から開発していきます。まずは、現状ではログイン画面が常に見えてしまっているので、いったんログイン isLoggedIn の値を true にしてログイン画面を非表示にします。サイドバーはコンポーネントですので、src ディレクトリ内に components ディレクトリを作成し、さらにその中に sidebar.riot を作成して、次の内容を追記してください。

`SAMPLE CODE` sidebar.riot

```
<sidebar>
  <navigation>
    <div class="ui visible sidebar inverted vertical menu">
      <div class="item sidebar-head">
        <a class="ui logo icon image" href="/">
          <i class="user icon"></i>
        </a>
        <a href="/">
          ADMIN
        </a>
      </div>
      <div class="item">
        <div class="ui list">
          <div class="item">
            <i class="home icon"></i>
            Dashboard
          </div>
          <div class="item">
            <i class="info circle icon"></i>
            Profile
          </div>
          <div class="item">
            <i class="users icon"></i>
            Members
          </div>
          <div class="item">
            <i class="chart line icon"></i>
            Stats
          </div>
```

```
      </div>
    </div>
    <div class="item">
      <i class="sign-out icon"></i>
      Logout
    </div>
  </div>
</navigation>

<script>
  export default {
  }
</script>

<style>
  a.icon {
    color: #fff;
  }
  /* ① */
  .ui.sidebar.menu {
    width: 15%;
  }
  i.user.icon {
    font-size: 2rem;
  }
  .ui.list > .item {
    margin: 1.5rem auto;
    font-size: 1rem;
  }
</style>
</sidebar>
```

　①では、画面全体の構成として、サイドバーの横幅を確保しています。この設定がないと、右のヘッダー、フッターのマージンが決まらず、サイドバーにコンテンツが隠れてしまう可能性もあるので、ここで決めておきます。

　作成および追記ができたら、読み込んで表示してみましょう。

SAMPLE CODE app.riot

```
  <app>
    <login if={ !state.isLoggedIn } />
+   <div id="wrapper" if={ state.isLoggedIn }>
+     <sidebar />
+   </div>

  ...
```

```
  <script>                                                        ▼
    import Login from './pages/login.riot'
+   import Sidebar from './components/sidebar.riot'

    export default {
      components: {
-       Login
+       Login,
+       Sidebar
      },
      state: {
-       isLoggedIn: false
+       isLoggedIn: true
      },
```

ここまでできると、次のようにサイドバーが表示されると思います。

●サイドバーの表示

見た目は少し崩れていますが、細かい微調整は後ほど行います。このままでは面白みが少ないので、少し遊びを加えたいと思います。サイドバーにオンマウスしている際は、横幅が少し広がるように変更してみましょう。その際、パッと変化するのではなくアニメーションしながら変化させたいと思います。

SAMPLE CODE sidebar.riot

```
  }
  .ui.sidebar.menu {
    width: 15%;                                                    ▼
```

```
+   transition: width .2s;
+ }
+ .sidebar.menu:hover {
+   width: 16%;
  }
  i.user.icon {
    font-size: 3rem;
```

変更できたら保存し、マウスをサイドバーの上に移動させたり外したりしてください。横幅が
変わると思います。これでサイドバーの実装はいったん終了となります。

■ ヘッダーの実装

次は「ヘッダー」です。これも全画面で使われるものとなりコンポーネントで作っていくので、
components ディレクトリ内に **app-header.riot** ファイルを作成し、次の内容を追記し
てください。

SAMPLE CODE app-header.riot

```
<app-header>
  <div class="ui block header">
    <h2>Block Header</h2>
  </div>

  <script>
    export default {
    }
  </script>

  <style>
    .ui.block.header {
      background: #1794a5;
      color: #fff;
      border: none;
      border-radius: unset;
    }
  </style>
</app-header>
```

追記できたら、**app.riot** で読み込みます。合わせて軽くデザインの調整も行います。

SAMPLE CODE app.riot

```
  <div id="wrapper" if={ state.isLoggedIn }>
    <sidebar />
+
+   <app-header />
  </div>
```

280

```
  <script>
    import Login from './pages/login.riot'
    import Sidebar from './components/sidebar.riot'
+   import AppHeader from './components/app-header.riot'

    export default {
      components: {
        Login,
        Sidebar,
+       AppHeader
      },
  ...

+   <style>
+     :host {
+       font-family: Futura;
+     }
      /* ② */
+     #wrapper {
+       margin-left: 15%;
+     }
+   </style>
  </app>
```

②では、先ほどサイドバーで **width: 15%** としたので、コンテンツ部分はその分、左にマージンを取らないとコンテンツがサイドバーに隠れてしまいます。

ここまでできると、次のように表示されると思います。

●ヘッダーの表示

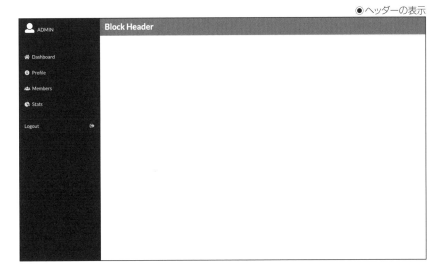

最も簡単なヘッダーの作り方はこのようになりますが、ヘッダーにはボタンを配置したり、検索ボックスを配置したりすることもあると思います。その場合、このヘッダーではボタンなどを配置するとレイアウトが崩れやすいので、今回は別のヘッダーを配置したいと思います。

SAMPLE CODE app-header.riot

```
<app-header>
-  <div class="ui block header">
+  <div class="ui secondary pointing menu">
-    <h2>Block Header</h2>
+    <h2 class="item">
+      My CMS
+    </h2>
+    <div class="right menu">
+      <su-dropdown items={ dropdownItems }></su-dropdown>
+    </div>
   </div>

   <script>
     export default {
+      dropdownItems: [
+        {
+          label: 'Welcome',
+          value: null,
+          header: true,
+          default: true
+        },
+        {
+          label: 'Profile',
+          icon: 'user',
+          value: 1
+        },
+        {
+          label: 'Logout',
+          icon: 'sign-out',
+          value: 2
+        }
+      ]
     }
   </script>
```

ここまでできて保存すると、次のように表示されると思います。

◉ ヘッダーの表示の別バージョン

ではヘッダーもこれで終了とします。

フッターの実装

次はメインコンテンツ部分ではなく、先にフッターを作成します。

ヘッダーと同様に **components** ディレクトリ内に **app-footer.riot** ファイルを作成し、次の内容を追記してください。

SAMPLE CODE app-footer.riot

```
<app-footer>
  <div class="ui vertical footer segment">
    <div class="ui center aligned container">
      <p>© 2020 My CMS by @kuwahara_jsri</p>
    </div>
  </div>

  <style>
    .ui.vertical.footer.segment {
      padding: 0;
      background: #1794a5;
      color: #fff;
    }
    .ui.center.aligned.container p {
      border-top: 1px solid #ccc;
      padding: 1.2rem 0;
    }
  </style>
</app-footer>
```

追記できたら、**app.riot** で読み込みます。

SAMPLE CODE app.riot

```
<app>
  <login if={ !state.isLoggedIn } />
  <div id="wrapper" if={ state.isLoggedIn }>
    <sidebar />
    <app-header />
+   <div id="container"></div>
+   <app-footer />
  </div>

  <script>
    import Login from './pages/login.riot'
    import Sidebar from './components/sidebar.riot'
    import AppHeader from './components/app-header.riot'
+   import AppFooter from './components/app-footer.riot'

    export default {
      components: {
        Login,
        Sidebar,
-       AppHeader
+       AppHeader,
+       AppFooter
      },
```

　ここまででフッターが表示されますが、画面一番下ではなくヘッダーのすぐ下に表示されてしまいます。これを修正していきましょう。 **assets/css/style.css** と **app.riot** を次のように修正してください。

SAMPLE CODE style.css

```
/* ③ */
+ html, body {
+   height: 100%;
+   margin: 0;
+ }
```

　③はCSSファイルの一番上に記載してください。Semantic UIのCSSリセットを上書きしています。

SAMPLE CODE app.riot

```
<style>
  :host {
    font-family: Futura;
+   height: 100%;
  }
  #wrapper {
```

```
      margin-left: 15%;
+     min-height: 100%;
+     display: flex;
+     flex-direction: column;
+   }
+   #container {
+     flex: 1;
+     background: #eee;
+     padding: 2rem;
+   }
  </style>
```

これで保存すると、次のようにフッターが表示されると思います。

● フッターの表示

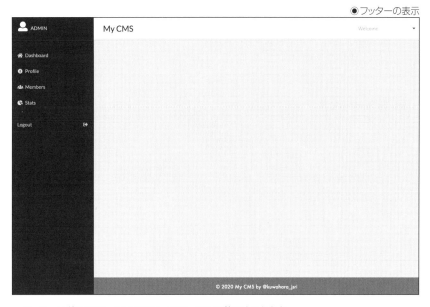

フッターは特にロジックなどはないので、これで終了となります。

▐▐▐ メインコンテンツの実装

　さて、本体であるコンテンツ部分の実装に入っていきますが、まずはSPAの根本機能であるルーティングの設定をしていきます。前節で `@riotjs/route` の使い方を学びましたが、今回はコンポーネントごとにリンクが貼られるので、各コンポーネントで `Router` 、`Route` コンポーネントをインポートして設定すると冗長になります。そこで、グローバルに読み込み、どこでも使えるようにします。

SAMPLE CODE main.js

```
  import '@riotjs/hot-reload'
- import { component } from 'riot'
+ import { component, register } from 'riot'
+ import { Router, Route } from '@riotjs/route'
  import 'semantic-ui-riot'
  import App from './app.riot'

+ // register Router and Route components are globally
+ register('router', Router)
+ register('route', Route)

- component(App)(document.getElementById('app'), {
-   title: 'Hello Riot.js!'
- })
+ component(App)(document.getElementById('app'))
```

これでグローバルに(厳密にはグローバルではなく、**app** コンポーネントに紐付く全コンポーネントですが)読み込めているか、念のため、確認してみましょう。

SAMPLE CODE app.riot

```
- <div id="container"></div>
+   <router>
      <sidebar />
      <app-header />
+     <div id="container">
+       <a href="/hoge">hoge</a>
+     </div>
+   </router>
  <app-footer />
```

　ここまで追記し保存できたら、画面に **hoge** という文言が表示されるので、クリックしてみてください。本来のリンクではそのような画面は存在しないので404エラーが出ると思いますが、URLのみ変化し、画面上は何も起きないと思います。これはルーターがURLの変化を検知しているということなので、グローバルにルーターが読み込まれていることが確認できました。
　では実装を進めていきます。ルーティングの設定をしたいと思いますが、各コンポーネントに **<router>**、**<route>** タグを記述するのは散らかってしまってナンセンスなので、1つに集約したほうがよさそうです。今回は **app-route.riot** というファイルを **components** ディレクトリ内に作成し、ルーティングの設定を一元管理していきます。作成できたら次の内容を追記してください。

SAMPLE CODE app-route.riot

```
<app-router>
    <!-- ④ -->
    <route path="/">
```

```
    <dashboard />
  </route>
  <route path="/dashboard">
    <dashboard />
  </route>
  <route path="/members">
    <members />
  </route>
  <route path="/profile">
    <profile />
  </route>
  <route path="/stats">
    <stats />
  </route>

<script>
  import Dashboard from '../pages/dashboard.riot'
  import Members from '../pages/members.riot'
  import Profile from '../pages/profile.riot'
  import Stats from '../pages/stats.riot'

  export default {
    components: {
      Dashboard,
      Members,
      Profile,
      Stats
    }
  }
</script>
</app-router>
```

④については、ダッシュボード画面のみ特別で、デフォルトの画面もダッシュボードとなります。したがって、URLが **/** の設定もしています。

ルーティングの読み込みを行います。 **app.riot** ファイルに次の内容を追記してください。

SAMPLE CODE app.riot

```
<div id="wrapper" if={ state.isLoggedIn }>
-   <router>
+   <router base={ base }>
      <sidebar />
      <app-header />
        <div id="container">
-         <a href="/hoge">hoge</a>
+         <app-route />
        </div>
```

```
    <app-footer />
  </router>


  <script>
   import Login from './pages/login.riot'
   import Sidebar from './components/sidebar.riot'
   import AppHeader from './components/app-header.riot'
   import AppFooter from './components/app-footer.riot'
+  import AppRoute from './components/app-route.riot'
   export default {
     components: {
       Login,
       Sidebar,
       AppHeader,
       AppFooter,
+      AppRoute
     },
     state: {
       isLoggedIn: false,
       isLoggedIn: true
     },
     onBeforeMount(props, state) {
     },
+    base: `${window.location.protocol}//${window.location.host}`
```

　前節の内容とほぼ同じなので、特に問題はないと思いますが、この状態で保存するとエラーになります。それぞれの画面用のコンポーネントが作成されていないので、Parcelが「そんなファイル存在しないよ！」と怒っています。取り急ぎワンタイムで **pages** フォルダの下にファイルを作成して画面が表示されるように修正します。

SAMPLE CODE dashboard.riot

```
<dashboard>
  <h2>Dashboard Page</h2>
</dashboard>
```

SAMPLE CODE members.riot

```
<members>
  <h2>Members Page</h2>
</members>
```

SAMPLE CODE profile.riot

```
<profile>
  <h2>Profile Page</h2>
</profile>
```

SAMPLE CODE stats.riot

```
<stats>
  <h2>Stats Page</h2>
</stats>
```

ここまでで保存すると、次のように画面に **Dashboard** と表示されるようになります。

◉「Dashboard」の文言の表示

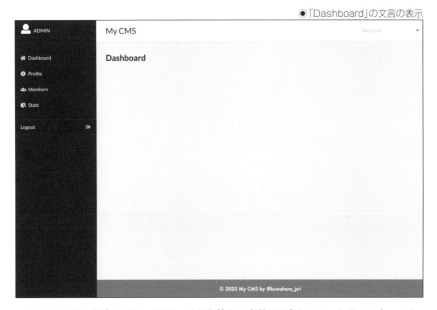

ルーティングの設定、メインコンテンツの切り替えの実装はできたので、サイドバーとヘッダー右上のプルダウンにリンクを設定し実際にシームレスに切り替わるか見ていきましょう。

SAMPLE CODE app-header.riot

```
    <h2 class="item">
      My CMS
    </h2>
    <div class="right menu">
-     <su-dropdown items={ dropdownItems }></su-dropdown>
+     <su-dropdown items={ dropdownItems } onchange={ handleChange }></su-dropdown>
    </div>

  ...

    <script>
+   import { router } from '@riotjs/route'
+
    export default {
      dropdownItems: [
```

```
  ...                                                          ▼

      {
        label: 'Logout',
        icon: 'sign-out',
        value: '/logout'
      }
-    ]
+    ],
+    handleChange(e) {
+      router.push(e.value)
+    }
    }
  </script>
```

SAMPLE CODE sidebar.riot

```
    <div class="item">
-     <i class="home icon"></i>
-     Dashboard
+     <a href="/dashboard">
+       <i class="home icon"></i>
+       Dashboard
+     </a>
    </div>
    <div class="item">
-     <i class="info circle icon"></i>
-     Profile
+     <a href="/profile">
+       <i class="info circle icon"></i>
+       Profile
+     </a>
    </div>
    <div class="item">
-     <i class="users icon"></i>
-     Members
+     <a href="/members">
+       <i class="users icon"></i>
+       Members
+     </a>
    </div>
    <div class="item">
-     <i class="chart line icon"></i>
-     Stats
+     <a href="/stats">
+       <i class="chart line icon"></i>
+       Stats
```

▼

```
+     </a>
    </div>
```

変更できたら保存し、アプリケーションが再起動したら、サイドバーの各リンクをクリックしてみてください。メインコンテンツのタイトルが切り替わったら成功です。

ではここからは各コンテンツを具体的に作成していきます。

▶ダッシュボードページの実装

では次に、ログインした後のダッシュボードページを実装していきましょう。まずはマークアップのみです。少し長いですが、同じようなHTMLのカードが4つ並ぶだけです。また、ところどころアイコン（ `<i class="xxx icon"></i>` ）も使っていますが、省略してもらっても問題ありません。

SAMPLE CODE dashboard.riot

```
    <dashboard>
-       <h2>Dashboard</h2>
+       <h2 class="ui teal tag label">Dasghboard</h2>
+       <div class="ui two column stackable grid">
+         <!-- メンバーカード -->
+         <div class="column">
+           <div class="ui raised segment">
+             <h3>
+               <i class="users icon"></i>
+               MEMBERS
+             </h3>
+             <div>
+               Total: <span class="large">87</span> people
+             </div>
+           </div>
+         </div>
+
+         <!-- メールカード -->
+         <div class="column">
+           <div class="ui raised segment">
+             <h3>
+               <i class="envelope icon"></i>
+               MAILS
+             </h3>
+             <div>
+               <ul>
+                 <li>received: <span class="large">37</span></li>
+                 <li>unread: <span class="large">5</span></li>
+               </ul>
+             </div>
+           </div>
+         </div>
```

```
+
+      <!-- プログレスカード -->
+      <div class="column">
+        <div class="ui raised segment">
+          <h3>
+            <i class="chart bar icon"></i>
+            PROGRESS
+          </h3>
+          <div>
+            <su-progress
+              class="indicating"
+              name="progress"
+              value="70"
+            > Completed</su-progress>
+          </div>
+        </div>
+      </div>
+
+      <!-- SNSカード -->
+      <div class="column">
+        <div class="ui raised segment">
+          <h3>
+            <i class="twitter icon"></i>
+            SNS
+          </h3>
+          <div>
+            <ul>
+              <li>
+                <i class="thumbs up outline icon"></i>:
+                <span class="large">128</span>
+              </li>
+              <li>
+                <i class="retweet icon"></i>:
+                <span class="large">45</span>
+              </li>
+            </ul>
+          </div>
+        </div>
+      </div>
+    </div>
   </dashboard>
```

ここまでできましたら保存してください。次のように表示されると思います。

● ダッシュボードのマークアップ

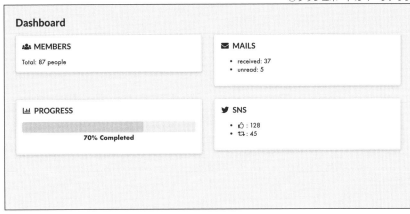

これで完成といってもよいですが、レイアウトが微妙にずれていたり、少し味気ないのでスタイリングを調整しましょう。

SAMPLE CODE dashboard.riot

```
+   <style>
+     .ui.raised.segment {
+       border-left: 5px solid #008080;
+       min-height: 128px;
+     }
+     h2.ui.label {
+       margin-bottom: 1rem;
+     }
+     h3 {
+       color: #008080;
+     }
+     li:not(:last-child) {
+       margin: 3px auto;
+     }
+     span.large {
+       font-size: 1.5rem;
+     }
+   </style>
  </dashboard>
```

SAMPLE CODE app.riot

```
    #container {
      flex: 1;
      background: #eee;
      padding: 2rem;
    }
+   h2.ui.label {
```

▼

```
+     font-size: 1.5rem;
+   }
  </style>
```

ここまで変更できたら、保存してください。次のように表示されると思います。

●ダッシュボード完成図

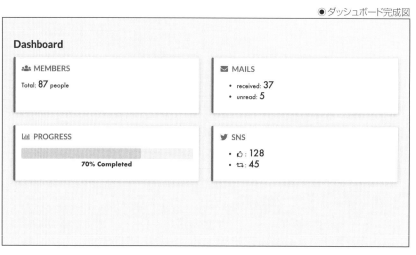

今回、行ったスタイリングは次のとおりです。

- 各カードの高さを統一
- 各カードの左端を装飾
- 各カードのタイトルに色を付ける
- <li>の上下に余白を付ける
- ページタイトルを装飾
- ページタイトルの文字のサイズを調整

これでダッシュボードは完成となります。

▶ メンバーページの実装

次は簡単なメンバーページの実装です。早速マークアップから始めていきましょう。**members. riot** を次のように変更してください。

SAMPLE CODE members.riot

```
  <members>
-   <h2>Members</h2>
+   <h2 class="ui teal tag label">Members</h2>
    <!-- ⑤ -->
+   <table
+     is="su-table"
+     class="ui sortable celled table"
```

```
+     data={ tableData }
+     default-sort-field="age"
+     nulls-first={ true }
+   >
+     <thead>
+       <tr>
+         <th is="su-th" field="name">NAME</th>
+         <th is="su-th" field="age">AGE</th>
+         <th is="su-th" field="gender">GENDER</th>
+       </tr>
+     </thead>
+     <tbody>
+       <tr each="{ item in tableData }">
+         <td>{ item.name }</td>
+         <td>{ item.age }</td>
+         <td>{ item.gender }</td>
+       </tr>
+     </tbody>
+   </table>
+   <p>※ Click the header if you want to sort.</p>
+   <script>
+     export default {
+       // ⑥
+       tableData: [
+         { name: 'John', age: 15, gender: 'Male' },
+         { name: 'Amber', age: 40, gender: 'Female' },
+         { name: 'Leslie', age: 25 },
+         { name: 'Michel', age: 37, gender: 'Male' },
+         { name: 'Nicholas', age: 29, gender: 'neutral' },
+         { name: 'Ben', gender: 'Male' },
+       ]
+     }
+   </script>
  </members>
```

⑤では、**semantic-ui-riot** の **su-table** コンポーネントをマウントするため、**is="su-table"** を設定しています。また、テーブルの初期設定として、**age** でソート、また各値が空の場合はそのまま表示するようにもしています。

⑥のデータは、本格的な開発をする際は **onBeforeMount()** メソッド内などでAPIをコールし、データを取得してセットすると思います。いろいろと値を変えてみてください。

ここまで変更でたら保存すると、次のように表示されていると思います。

●メンバーテーブルのマークアップ

Members

NAME	AGE ▲	GENDER
John	15	Male
Amber	40	Female
Leslie	25	
Michel	37	Male
Nicholas	29	neutral
Ben		Male

※ Click the header if you want to sort.

　これで完成でもよいですが、メンバーテーブルのヘッダー部分の色を変えて、もう少し見やすくしたいと思います。

SAMPLE CODE members.riot

```
    </script>
+
+   <style>
+     .ui.sortable.table thead th,
+     .ui.sortable.table thead th.sorted {
+       background: #1794a5;
+       color: #fff;
+     }
+     .ui.sortable.table thead th:hover,
+     .ui.sortable.table thead th.sorted:hover {
+       background: #1cc88a;
+       color: #fff;
+     }
+   </style>
  </members>
```

　上記を追記できたら保存してください。アプリケーションが再起動できたら、次のように表示されると思います。

●メンバーページの完成図

Members

NAME	AGE ▾	GENDER
John	15	Male
Amber	40	Female
Leslie	25	
Michel	37	Male
Nicholas	29	neutral
Ben		Male

※ Click the header if you want to sort.

メンバーテーブルのヘッダーにマウスオーバーしたり、クリックしてソートしてみてください。これでメンバーページの実装は完了となります。

▶ プロフィールページ

次はプロフィールページですが、もちろんユーザー登録はしていないので、ユーザー情報をどこかで登録した想定で実装していきます。では、マークアップから始めていいましょう。profile.riot を次のように変更してください。なお、今回もアイコンのタグは省略してもらっても問題ありません。

`SAMPLE CODE` profile.riot

```
  <profile>
-   <h2>Members</h2>
+   <h2 class="ui teal tag label">Profile</h2>
+   <div class="ui segment">
+     <div class="ui divided selection list">
+       <div class="item">
+         <div class="ui violet horizontal label">
+           <i class="user icon"></i>
+           Usename
+         </div>
+         kkeeth
+       </div>
+       <div class="item">
+         <div class="ui violet horizontal label">
+           <i class="address card icon"></i>
+           Email
+         </div>
+         zensin0082@github.com
```

▼

```
+      </div>
+      <div class="item">
+        <div class="ui violet horizontal label">
+          <i class="twitter icon"></i>
+          Twitter
+        </div>
+        @kuwahara_jsri
+      </div>
+      <div class="item">
+        <div class="ui violet horizontal label">
+          <i class="github icon"></i>
+          GitHub
+        </div>
+        @kkeeth
+      </div>
+    </div>
+  </div>
   </profile>
```

ここまでできると、次のように表示されると思います。

●プロフィールページのマークアップ

これでも完成でもよいですが、少し1行1行が窮屈なUIになってしまっていて、また、項目名のサイズも揃っていないので、今回もスタイリングを調整したいと思います。

SAMPLE CODE profile.riot

```
+  <style>
+    .ui.card {
+      padding: 1rem;
+    }
+    .ui.violet.label {
+      min-width: 120px;
```

```
+       padding: .5rem .7rem;
+       margin-right: 2rem;
+     }
+     .ui.divided.selection.list .item {
+       padding: 2rem 1rem;
+     }
+   </style>
  </profile>
```

ここまで追記でたら保存してください。次のように表示されると思います。

● プロフィールページ

統一性と余白のあるUIになりました。これでプロフィール画面の実装は終了となります。

▶ スタッツページの実装

最後の画面であるスタッツページを実装していきます。表示するコンテンツとしてはプログレスバーとレーティングの2種類となります。 **stats.riot** ファイルを次のように変更してください。今回はスタイリングも合わせて実装しています。

SAMPLE CODE stats.riot

```
  <stats>
-   <h2>Stats</h2>
+   <h2 class="ui teal tag label">Stats</h2>
+   <div class="ui two column stackable grid">
+     <div class="column">
+       <div class="ui raised segments">
+         <div each={ bar in progressBars } class="ui segment">
+           <p>{ bar.name }</p>
+           <div>
```

299

```
+            <su-progress
+              class="indicating"
+              name="progress"
+              value={ bar.value }
+            > Completed</su-progress>
+          </div>
+        </div>
+      </div>
+    </div>
+    <div class="column">
+      <div class="ui raised segments">
+        <div each={ rating in ratings.scores } class="ui segment">
+          <div class="ui horizontal large label">
+            { rating.score }/{ ratings.total }:
+          </div>
+          <su-rating class="star" value={ rating.rate } max={ ratings.max } />
+        </div>
+      </div>
+      <div class="ui raised segments">
+        <div each={ rating in ratings.scores } class="ui segment">
+          <div class="ui horizontal large label">
+            { rating.score }/{ ratings.total }:
+          </div>
+          <su-rating class="heart" value={ rating.rate } max={ ratings.max } />
+        </div>
+      </div>
+    </div>
+  </div>
+
+  <script>
+  export default {
+    progressBars: [
+      { name: "Team A", value: 70 },
+      { name: "Team B", value: 30 },
+      { name: "Team C", value: 20 },
+      { name: "Team D", value: 60 },
+      { name: "Team E", value: 100 }
+    ],
+    ratings: {
+      total: 500,
+      max: 5,
+      scores: [
+        { rate: 5, score: 151 },
+        { rate: 4, score: 89 },
+        { rate: 3, score: 63 },
+        { rate: 2, score: 71 },
+        { rate: 1, score: 126 }
```

```
+       ]
+     }
+   }
+   </script>
+
+   <style>
+     .ui.grid {
+       margin-top: 0;
+     }
+     .ui.segments > .segment {
+       padding: 1.2rem 1rem;
+     }
+   }
+   </style>
+ </stats>
```

ここまで変更できたら保存してください。次のように各チームの進捗が表示されると思います。

●スタッツページの表示

　今回は、メンバーページやスタッツページなどのデータをベタ書きで用意しましたが、実際の
アプリケーション開発では何かしらのAPIをコールし、取得したデータを **each** ディレクティブな
どで表示すると思います。その際はCHAPTER 04で学んだテクニックをフルに活用して開発
してみてください!

　以上で、本節で開発するCMSの開発の見た目の部分はこれですべて完成となります!　振り返ってみると、おそらく大変だったのはHTMLのマークアップで、ルーティングの設定やRiot.jsの機能を使った開発はそれほど大変ではなく、サクッと終わったのではないかと思います!

　また、今の時点で、このCMSはSPAとして動作はしていますが、まだログイン/ログアウトなどの細かいロジックや全体のスタイリングの調整ができていないので、次節でCMSを完成させたいと思います!

CMSの完成

本章ではSPA、CMSの開発にチャレンジしてきましたが、本節で開発は終了となります!
今回は前節と異なり、主にロジック周りの開発になるので、気合入れて進めていきましょう!

■ ログイン/ログアウトのロジックの実装

まずは前節の最初に実装したログイン画面ですが、まだ画面の実装のみで、ログイン機能
そのものはまだ実装されていません。これから実装するログイン機能ですが、必要なものを挙
げると次のようになります。

- ● ログイン状態を変更する
- ● ログイン処理が成功した場合、CMSのダッシュボード画面に遷移する
- ● ログイン処理が成功した場合、その状態を保持する
- ● ログアウト処理が成功した場合、ログイン画面が表示される

これらを1つずつ実装していきますが、この中で一番のポイントは**ログイン状態**です。すなわ
ち**状態管理が必要**となります。本書では132ページでlocalStorageという機能を利用しました。
localStorageは使い勝手は良いですが、揮発性が高くワンタイムで使うような機能です。今回
は別の状態管理ライブラリである**Akita**(https://netbasal.gitbook.io/akita/)を使って状態
管理をしたいと思います。

ではインストールしましょう。コマンドラインツールから次のコマンドを実行してください。

```
$ yarn add @datorama/akita
```

次にドキュメントどおりに、各種インスタンスを生成します。Riot.jsはプレーンなJavaScriptに
近いため、「Plain JS Usage」の項目を参考に進めます。

URL https://netbasal.gitbook.io/akita/other/plain-js-usage

このインスタンスを作成するためのJavaScriptファイルを作成します。 `assets` ディレクトリ
内に `js` ディレクトリを作成し、さらにその中に `libs.js` というファイルを作成して、次の内容
を追記してください。

SAMPLE CODE libs.js

```javascript
import { createStore createQuery } from '@datorama/akita'

// ①
const store = createStore({
  isLoggedIn: false
}, { name: 'session' })
// ②
const query = createQuery(store)
```

①では、データを一元管理する **Store** を作成しています。内部的に **state**（データ本体を格納するもの）を持っており、**createStore()** メソッドで初期化およびインスタンスを作成していますが、引数のオブジェクトに何を管理させるかを指定します。

また、第2引数に作成する **Store** の名前を指定する必要があるので注意してください（これはAkitaの仕様です）。

②では、データにアクセスするための関数をまとめた **Query** のインスタンスを作成します。**createQuery()** メソッドを用いて初期化およびインスタンスを作成していますが、引数にはもちろんデータを管理している **Store** のインスタンスを渡す必要があります。

さて、作成したこれらのインスタンスをアプリケーション内で呼び出せるように設定しますが、各コンポーネントごとにインポートするのは面倒ですし、バグの温床にもなりかねません。したがって、**グローバルに呼び出せるようにしておけば、使い勝手も良く手間が省けます**。Riot.jsにはそのための機能が用意されています。それは、**riot.install()** というメソッドです。

riot.install() の使い方は、引数にいわゆるプラグイン関数を渡すことで、Riot.jsで作られたアプリケーション内のすべてコンポーネントでそのプラグイン関数内の処理が適用されることになります。論より証拠ということで、先ほど作成した **libs.js** で確認してみましょう。

SAMPLE CODE libs.js

```
  import { createStore, createQuery } from '@datorama/akita'
+ import { install } from 'riot'

  const store = createStore({
    isLoggedIn: false
  }, { name: 'session' })
  const query = createQuery(store)

+ install(componentAPI => {
+   componentAPI.hello = () => {
+     alert('Hello!')
+   }
+   return componentAPI
+ })
```

上記を追記できたら、アプリケーションで読み込む必要があります。これはモジュールなので、**main.js** で呼ぶのが適切でしょう。

SAMPLE CODE main.js

```
  import '@riotjs/hot-reload'
  import { component, register } from 'riot'
  import { Router, Route } from '@riotjs/route'
  import 'semantic-ui-riot'
  import App from './app.riot'
+ import '../assets/js/libs'
```

それではコンポーネント内で呼んでみましょう。今回はヘッダーコンポーネントの文言をクリックした際に呼び出したいと思います。

SAMPLE CODE app-header.riot

```
<app-header>
  <div class="ui secondary pointing menu">
-   <h2 class="item">
+   <h2 class="item" onclick={ handleClick }>
      My CMS
    </h2>

  ...

        {
          label: 'Logout',
          icon: 'sign-out',
          value: '/logout'
        }
      ],
      handleChange(e) {
        router.push(e.value)
-     }
+     },
+     handleClick() {
+       this.hello()
+     }
    }
  </script>
```

追記できたら保存し、アプリケーション再起動後にヘッダーの「My CMS」をクリックしてください。次のように、windowのアラートが表示されると思います。

●riot.installで設定したアラートの表示の確認

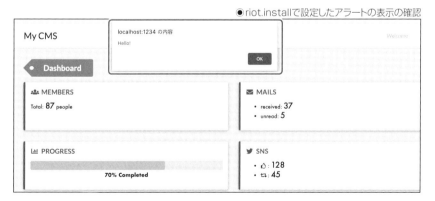

何となく使い方はつかんでいただけたと思います。この **riot.install()** というメソッドを用いて、先ほど作成したインスタンス **query** をグローバルに呼び出せるようにします。ただし、**store** インスタンスは直接、アクセスしないほうがいいため、**riot.install()** メソッドには含めません。

SAMPLE CODE libs.js

```
const store = createStore({
  isLoggedIn: false
}, { name: 'session' })
const query = createQuery(store)

install(componentAPI => {
- componentAPI.hello = () => {
-   alert('Hello!')
- }
+ componentAPI.query = query
+
  return componentAPI
})
```

ここまで変更できたら、この機能を用いてアプリケーションにアクセスしたときや、ルーティングした際にログイン状態を確認し、次に表示するコンテンツをハンドリングできるので設定していきます。

SAMPLE CODE app.riot

```
onBeforeMount(props, state) {
  // any processing
- }
+ },
+ onMounted() {
+   // ③
+   this.query.select('isLoggedIn').subscribe(val => {
+     this.update({ isLoggedIn: val })
+   })
+ }
```

③については、**subscribe()** メソッドですが、これはRxJSライブラリに固有のメソッドで、今回、同様にデータを取得する際にコールされるものです。また、Akitaの公式サイトにも書いてあるように、AkitaはRxJSに基づいて作られたライブラリなので、**query** インスタンスにも存在する形となります。

ここまでで、ログイン状態を検知することはできるようになったので、次は状態を変更できるようにします。ログイン状態を変更するユーザーアクションは、ログイン/ログアウトのボタンやリンクをクリックすることなので、それぞれに対応する **login()** 、**logout()** 関数を用意し、どこからでも呼び出せるようにするのがよさそうです。

　しかし、**store** はグローバルにアクセスを許可されていないので、プライベートにアクセスできるようにする必要があります。そのためには、Akitaでは **Service** のインスタンスを作る仕様になっているので、作っていきましょう。まずは **assets/js** ディレクトリ内に **service.js** ファイルを作成し、次の内容を追記してください。

SAMPLE CODE service.js

```
const service = (store) => {
  const login = () => {
    store.update({
      isLoggedIn: true
    })
  }
  const logout = () => {
    store.update({
      isLoggedIn: false
    })
  }

  return {
    login: login,
    logout: logout
  }
}

export default service
```

　作成ができたら、これをグローバルにアクセスできるようにします。

SAMPLE CODE libs.js

```
  import { createStore createQuery } from '@datorama/akita'
  import { install } from 'riot'
+ import service from './service.js'

  const store = createStore({
    isLoggedIn: false
  }, { name: 'session' })
  const query = createQuery(store)
+ const serviceInstance = service(store)

  install(componentAPI => {
    componentAPI.query = query
+   componentAPI.service = serviceInstance

    return componentAPI
  })
```

次に、いったんログイン画面をスキップするように設定した変更を元に戻します。

SAMPLE CODE app.riot

```
  state: {
-   isLoggedIn: true
+   isLoggedIn: false
  },
```

これでログイン画面が再度、表示されます。URLを直接、打ち込んでもログイン画面が表示されるようになっています。では最後に、コンポーネントから呼び出してみます。

SAMPLE CODE app-header.riot

```
<app-header>
  <div class="ui secondary pointing menu">
-   <h2 class="item" onclick={ handleClick }>
+   <h2 class="item">
      My CMS
    </h2>
    <div class="right menu">
-     <su-dropdown items={ dropdownItems }></su-dropdown>
+     <su-dropdown items={ dropdownItems } onchange={ handleChange }></su-dropdown>
    </div>

    ...

      ],
-   },
-   handleClick() {
-     this.hello()
-   },
    handleChange(e) {
-     router.push(e.value)
+     if (e.value === '/profile')
+       router.push(e.value)
+     else
+       this.service.logout()
+   }
  }
  </script>
```

SAMPLE CODE sidebar.riot

```
-   <div class="item">
+   <div class="item logout">
-     <i class="sign-out icon"></i>
-     Logout
+     <a onclick={ handleLogout }>
+       <i class="sign-out icon"></i>
```

▼

```
+          Logout
+        </a>
      </div>
    </div>
  </navigation>

  <script>
    import { initDomListeners } from '@riotjs/route'
    export default {
-     onBeforeMount(props, state) {
-       // any processing
-     },
      handleLogout() {
        this.service.logout()
      }
    }
  </script>

...

+    .item.logout {
+        cursor: pointer;
+    }
    </style>
  </sidebar>
```

SAMPLE CODE login.riot

```
  handleSubmit(e) {
    e.preventDefault()

-   if (e.target.username.value.length === 0)
-     this.errors.username = errorMessages.username
-   if (e.target.password.value.length === 0)
-     this.errors.password = errorMessages.password
-
-   this.update()
+   const inputUsername = e.target.username.value
+   const inputPassword = e.target.password.value
+
+   if (inputUsername.length > 0 && inputPassword.length > 0) {
+     this.service.login()
+   } else {
+     if (inputUsername.length === 0)
+       this.errors.username = errorMessages.username
+     if (inputPassword.length === 0)
+       this.errors.password = errorMessages.password
```

```
+
+      this.update()
+    }
   }
```

　ここまでできたら保存してください。アプリケーションが再起動したら、次の2点を確認してみてください。

- ●ログイン画面からログインし、ダッシュボード画面に遷移すること
- ●サイドバーと、ヘッダー右上のプルダウンからログアウトし、ログイン画面に遷移すること

　localStorageや外部のDB、tokenの発行および管理などはしていないので、画面をリロードしたりURLで直接アクセスするとログイン状態が解除され、ログイン画面に遷移してしまうことに注意してください。
　以上、少し難しい話が多かったかと思いますが、ログイン/ログアウトの処理はこれで完成となります。

||| サイドバーのスタイリング調整

　次に、サイドバーをもう少し見やすくしていきたいと思います。調整する項目は次のようになります。

- ●トップの余白を大きく、中央揃えにする
- ●各画面へのリンク一覧の余白
- ●各画面へのリンク一覧のホバー時に色を付ける
- ●各項目の境界線を明示化する

　これらをCSSでスタイリングしていきます。

SAMPLE CODE style.css

```
- #app .logo {
-    height: 36px;
-    margin-bottom: 5px;
- }
```

SAMPLE CODE sidebar.riot

```
  <style>
   a.icon {
     color: #fff;
   }
   .ui.sidebar.menu {
     width: 20%;
   }
   i.user.icon {
-    font-size: 2rem;
```

```
+        font-size: 3rem;
         }
-      .ui.list > .item {
-        margin: 1.5rem auto;
+      .ui.menu .item.sidebar-head {
+        text-align: center;
+        font-weight: 900;
+        padding: 2rem 1rem;
+        border-bottom: 1px solid #666;
+      }
+      .ui.menu .ui.list > .item a {
+        padding: 2rem .5rem;
         font-size: 1rem;
+        display: block;
+      }
+      .ui.inverted.menu .item > a:hover {
+        color: #00b5ad;
         }
-      .item.logout {
+      .ui.inverted.menu .item.logout {
         cursor: pointer;
+        padding: 2rem;
+        border-top: 1px solid #666;
         }
    </style>
```

　フレームワークのスタイリングに引っ張られたのもあり、あまりクラス名がきれいではないですが、これで次のようにより見やすいサイドバーになったと思います。

　今回はCMSということもありレスポンシブ対応はほとんどしておりませんが、たとえばサイドバーは画面幅が小さくなった場合、アイコンとメニュー名を改行して縦に並べるとか、ハンバーガーメニューに切り替えるなどの改良の余地もあると思います。それについては、本書のテーマであるRiot.jsから外れそうですので、読者の皆さんでやってみていただければと思います。

　長らく開発してきましたが、これでCMSの開発は以上となります！　最後の仕上げとして、次節では作ったCMSアプリケーションをサーバーにアップし、インターネットに公開する手順について触れていきたいと思います。この公開をもって、本書の全行程が終了となるので、あと少し頑張っていきましょう！

Netlifyでアプリ管理をしてみよう

　最後の仕上げとして、開発したCMSをインターネットに公開したいと思います！　フロントエンドでの開発した成果物は基本的に静的コンテンツ（HTML/CSS/JavaScript）ですので、そのままサーバーにアップロードするだけでアプリケーションとして動作します。この手法のことを、**静的ホスティング**と呼んだりします。

　現在、静的ホスティングサービスも数多く生まれていますが、その中でも有名なものをいくつかご紹介します。すべて無料で使えます（完全無料ではないものもありますが、条件内であれば無料です）。

- GitHub Pages（https://help.github.com/ja/github/working-with-github-pages）
- Netlify（https://www.netlify.com/）
- Firebase（https://firebase.google.com/）
- Amazon S3（https://aws.amazon.com/jp/s3/）

　この中でも特に最近注目を浴びているものが**Netlify**です。

　GitHub Pagesを除き、「高機能」「導入・運用のしやすさ」「パフォーマンス」の観点で見ても五十歩百歩なところです。現場のアーキテクチャーがAWSに集約されているのであれば**Amazon S3**を使うほうが親和性が高く管理もしやすいです。NoSQLですがDB機能や画像などのアセッツファイルを保持するストレージ機能など、幅広いサービスを展開しつつフロントエンドでアプリケーションを完結させたいのであれば**Firebase**もオススメします（Google社が買収したサービスでもありますので、信頼できます）。

　しかし、今回は現在注目を浴びており、モダンで何より手軽にデプロイできる環境を提供してくれるNetlifyを使って静的ホスティングしていきます。では、まずはアカウントを作成します。ホームページにアクセスしたら画面右上の「Sign up→」のリンクをクリックします。

●Netlifyのトップページ

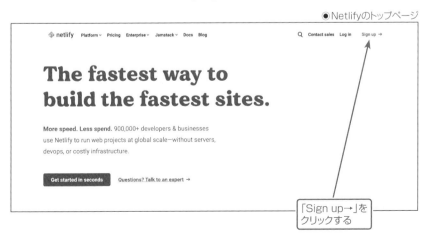

「Sign up→」を
クリックする

次に、どのアカウントでアカウントを作成するか聞かれるのでお好きなものをお選びください。もし、GitHubを使っている場合であれば、GitHubアカウントを連携するのがよいでしょう。

●アカウントの作成

次に、Gitを使ってなくアプリケーションをデプロイしたい場合は、アプリケーションの静的コンテンツが格納されたディレクトリをドラッグ＆ドロップしてください、という旨のメッセージが表示された画面にアクセスします。

●デプロイディレクトリの選択

ここでGitHubなどのソースコード管理サービスを使っている場合と使っていない場合でデプロイの仕方が変わるので、どちらの方法も見ていきたいと思います。

■ ソースコード管理サービスを使っていない場合

前節までに作成したCMSのプロジェクトのソースコードを用意してください。Plunkerなどのオンラインエディタを利用している場合はそのままで問題ありません。Parcelなどのバンドラを利用している場合は一度ビルドしてください。なお、本書のParcelの手順で開発を進めてきた場合はビルドの設定をまだしていないと思いますので、今からしていきましょう。まずは `package.json` を開き、次の内容を追記してください。

SAMPLE CODE package.json

```
  "scripts": {
-   "start": "parcel index.html --open"
+   "start": "parcel index.html --open",
+   "build": "parcel build index.html --out-dir=dist",
  },
```

`--out-put=dir` はそのままの意味で、出力するディレクトリの名前を `dist` にしています。ここはお好きな名前に変更してください。

記述できたら、コマンドラインツールから次のコマンドを実行してください。

```
$ yarn build
```

ビルドが始まり、自動的に終了すると思います。もし失敗した場合は、ソースコードに何かしらの不具合が発生しているので、エラーメッセージを確認してさい。

ビルドが完了すると、`dist` というディレクトリが生成されているので、そのディレクトリを先ほどのNetlifyの画面にドラッグ&ドロップしてください。すると、ほぼ一瞬でデプロイが完了、し全世界に公開されます。デプロイが完了すると次のような画面が表示され、発行されたURLも合わせて表示されています。クリックして見てみてください。

●デプロイの完了

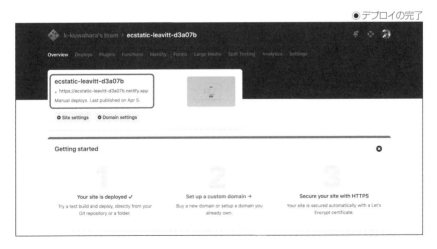

その他、カスタムドメインの設定、HTTPSの設定、WebpackやCLI、API、月額9ドルで Analyticsの設定など、いろんな設定ができるようにもなっています。とても高機能なサービスであることを感じるので、本格的にアプリケーションを開発・運用する場合はいろいろと見てみてください。筆者のデプロイされただけのアプリケーションのURLも下記に共有しておきます。

URL https://cranky-goldwasser-a577a3.netlify.com/

GitHubのリポジトリを連携する場合

次はGitHubリポジトリを連携させ、自動的に更新させる方法を見ていきましょう。まずは先ほどとは別に、ドラッグ&ドロップする画面の右上の「New site from Git」のボタンをクリックしてください。

●GitHubとの連携

「New site from Git」
ボタンをクリックする

「Create a new site」のモーダルが表示され、3段階フローの1つ目「Connect to Git provider」に進むので、画面左下の「GitHub」のボタンをクリックしてください。

●GitHubの選択

「GitHub」ボタンを
クリックする

するとポップアップで、「GitHubアカウントをNetlifyと連携してもよいか?」と聞かれるので、よければ画面下の「Authorize Netlify by Netlify」ボタンをクリックしてください。

●NetlifyとGitHubアカウントの連携の許可確認

「Authorize Netlify by Netlify」
ボタンをクリックする

許可が完了すると、フローの2つ目「Pick a repository」に進みます。しかし、ここでリポジトリが1つも表示されないことがあります。これは、GitHub上でNetlifyの環境設定がまだ済んでいないためです。画面左下の「Configure Netlify on GitHub」ボタンをクリックしてください。

●GitHub上のNetlifyの環境設定ができていない場合

「Configure Netlify on GitHub」
ボタンをクリックする

　すると、どのOrganizationにNetlifyの環境設定をするか選択する画面が表示されるので、お好きなものを選んでください。

● Organizationの選択

　次に、「すべてのリポジトリ」に環境設定するか、または「選択したリポジトリ」に環境設定するか選択するポップアップが表示されるので、お好きな方を選んでください。後者を選んだ場合は1つひとつリポジトリを選択する形となります。選択したら画面左下の「Install」ボタンをクリックしてください。

● リポジトリの選択

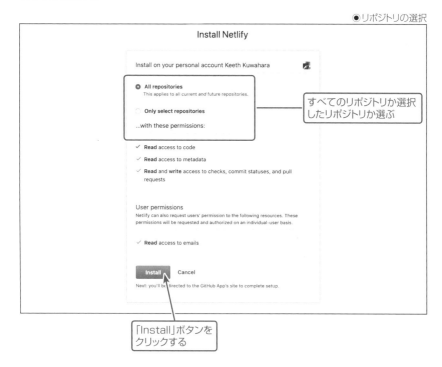

　完了すると自動的にフローの画面に戻ります。今度は環境設定が済んだリポジトリが一覧に表示されていると思います。

●GitHub上のNetlifyとの接続完了後

　ではビルド・デプロイしてみましょう。お好きなリポジトリを選択してください。すると、ビルドの設定をする画面が表示されるので、どのブランチをデプロイするか選択や、ビルドコマンドやパブリッシュディレクトリも選択できます。設定できたら、画面左下の「Deploy site」ボタンをクリックしてください。

●デプロイ前の設定

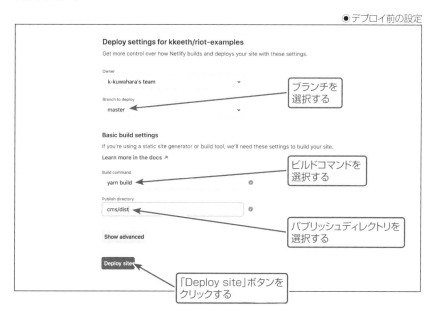

この設定は後から変更も可能ですし、リポジトリ内のベースディレクトリを設定したりもできます。さらにビルド・デプロイのステータスについてメールで通知を送ることもできます。GitHubの変更を検知し自動でビルド・デプロイをしてくれるのはとてもありがたいですね。

● 細かなビルド・デプロイの設定

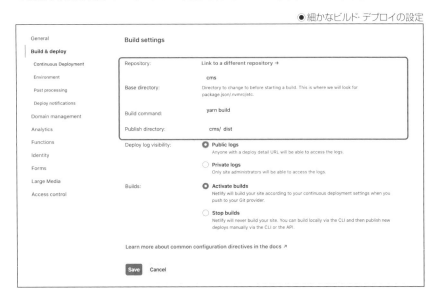

実際にビルド・デプロイを実行すると画面上からログの確認がリアルタイムで確認でき、完了するとサマリーも確認することができます。また、ここまで設定できると、次回以降、対象のブランチが更新されると自動的にビルド・デプロイが走り、配信されているアプリケーションが更新されます。

● ビルド・デプロイ完了サマリーの表示

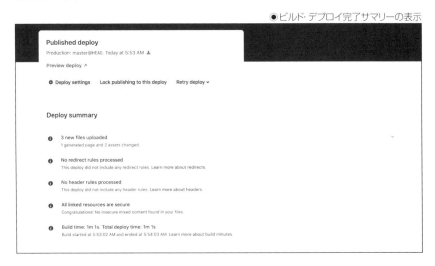

▐▐▐ 404エラー

ここまでの実装でアプリケーションとしては完成ですが、最後に **404(Not Found)** エラーの対応をして終わりたいと思います。現在の状態で存在しないURLにアクセスすると、次の画像のようなNetlifyのデフォルトの404エラー画面が表示されます。

●Netlifyの404ページ

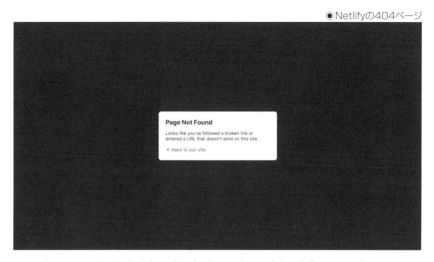

これを、ログイン画面を表示するように変更したいと思います。残念ながら現在のNetlifyでは、管理画面からこの設定をすることはできず、**_redirects** というファイルを作成し、必要事項を記述して、公開ディレクトリ(本書では **dist**)に配置する必要があります。

では実装してみましょう。アプリケーションのドキュメントルートにファイルを作成し、次の内容を追記してください。

SAMPLE CODE _redirects

```
/* / 200
```

さらに、このファイルを **dist** ディレクトリに配置する必要があるので、**package.json** ファイルを次のように変更してください。

SAMPLE CODE package.json

```
  "scripts": {
    "start": "parcel index.html --open",
-   "build": "parcel build index.html --out-dir=dist",
+   "build": "parcel build index.html --out-dir=dist && cp _redirects dist",
```

ここまで変更できたら保存し、Netlifyにデプロイしてください。Publishされたら、存在しないURL(例: **/test**)などにアクセスしてみてください。ログイン画面が表示されましたら成功です。

今回の方法は厳密には**リライト(rewrite)**という方法で、「特定のURLにアクセスが来たら指定したコンテンツを表示する」というものです。これと似たものとして**リダイレクト(redirect)**という方法があり、これは「特定のURLにアクセスが来たら、指定したページに遷移する」というものです。これらの方法を用いれば、時前で用意した404用の画面を表示することも可能です。

詳しくは公式ドキュメントをご参照ください。

● Redirect options

URL https://docs.netlify.com/routing/redirects/redirect-options/

ざっくりですが、Netlifyを利用したビルド・デプロイ、インターネットへの公開の仕方を見ていきました。このサービス以外にも、冒頭で紹介したサービスなど、ホスティングサービスはいくつかありますので、お好きなものをお選びください。チームによっては自社のクラウドサーバーに自前で用意した環境のほうがよい、ということもあるかもしれません。大事なことは、「簡単に速くデプロイできること」「メンテナンスコストが低いこと」だと思います。我々アプリケーション開発エンジニアは本来は設計や開発にリソースを使うべきですので、デプロイにはリソースを割かなくて済むならそれに越したことはありません。

これで、本章「実践編」は終了となります！　長らくSPA/CMSの開発をしてきましたが、Riot.jsでのWebアプリケーションのやり方やコツがつかめたのではないかと思います。基本的にRiot.jsは基本的なAPIしか持っておらず、シンプルさと軽さを信条としているので、本格的にアプリケーションを開発するには、外部ライブラリとうまく手を取り合って進めていくことになりますが、その分、プロジェクトごとに技術的チャレンジもできますし、他のフレームワークと連携するハードルも低いので採用しやすいかと思います。

少しでもRiot.jsの良さが伝わっていれば幸いです。改めて、お疲れ様でした！

Riot.jsから他のフレームワークへ～コラム③

　元も子もない発言をしてしまいますが、Riot.jsは他のフレームワークへの足がかりとして使うのがよいのではと思っています。18ページで学習プロセスのお話をしましたが、まさにその通りのフローで学んでいっていただければと思います。Riot.jsはビギナー、入門者向けのUIライブラリで、Vue.jsやReactなどのフレームワーク・ライブラリはある程度、慣れた人向けなイメージがあります。

　というのも、Riot.jsは軽量・ライトさが売りでもあるので、規模が上がってきたり、チームの人数が増えてきたり、複雑度が高くたくさんの機能が盛り込まれたようなアプリケーションの開発であれば、Riot.jsの機能ではカバーしきれなくなることは目に見えています。Riot.jsに合う・合わないアプリケーションを私の所感で下記にまとめてみました。

	マッチ	アンマッチ
規模	ミニマル、LPくらいのライトなもの	大規模、多機能
チーム人数	少数（1～3、4人）	多数（5人以上）
納期	短期で　気に作り上げるようなアプリケーション	じっくり時間かけて作り込むようなアプリケーション

　実際に私の知人でRiot.jsを利用しているケースは、ほとんどがフリーランスのエンジニアかデザイナーが多く、個人でアプリケーション開発をされている方もちらほらいらっしゃいます。やはり個人で開発される方に向いているような印象ですね。

　また、Riot.jsのある意味での強みは「捨てやすい」という点にあります。ちょっと試してみてダメだとしても、Web標準に基づいているので、そのソースコードは他のフレームワークに移ってもほぼそのまま流用できる可能性が高いです。マッチするならそのままアプリケーション開発をしていけるので、「とりあえず導入してみる」へのハードル・リスクがそれほど高くないのは強みといってもよいでしょう。

　Riot.jsで基礎を身に付ける、そこからいろいろなフレームワーク・ライブラリを使ってWebアプリケーション開発をする。そのための礎となるのは私としてはRiot.jsの本望だと思っています。私自身、Riot.jsは大好きでずっと広めてきましたが、業務ではNext.js/Nuxt.jsで開発をすることのほうが圧倒的に多く、それは技術的に正しい判断だと思います。**フレームワーク・ライブラリを使うことが目的ではなく、あくまでアプリケーションを作ること、もっといえばそのアプリケーションを使って問題を解決すること、発展させる事が最終目的です**。Riot.jsもそのための道具の1つでしかない、しかしより良いアプリケーションを作るためにはRiot.jsが適しているのであれば大いに活用していただきたいですし、違うなら他のフレームワーク移っていただければと思います。

　良いアプリケーションがRiot.js以外のフレームワークで作られていたとしても、その開発者がもともとはRiot.jsでWebのことを学んだのであれば、それはRiot.jsも遠からず貢献したことになりますし、Riot.jsはそのような存在であってほしいと私は願っています。

APPENDIX

今後の開発に向けて

今後の開発に向けて

　ここまで読み進めていただければ、Riot.jsでのアプリケーション開発の基本はすでに習得されていることでしょう。ここでは、今後、本格的にWebアプリケーションを開発する上で、知っておいたほうがよいこと、課題のようなものをお伝えできればと思います。本書では触れなかったツールや、実践的な内容も盛り込んでいるので、ぜひご一読いただき、皆さまのスキルアップにつながれば幸いです。いくつか難しいワードが出てくると思いますが、それらも調べつつキャッチアップしていただければと思います。

▓ エラーページの表示

　CHAPTER 03でも触れたHTTPステータスコードの **4xx** 、**5xx** 系のエラーが出た際、一般的なアプリケーションであれば赤い文字で画面内に表示したり、モーダルやアラートなどで表示することも多いですが、専用のページを表示しているようなサイト・アプリケーションもよく見かけると思います。特に多いのはやはり **404(Not Found)** のページですね。参考までにRiot.jsの公式サイトの404ページでは、次のように簡単なゲームが表示されるようになっています。

- Riot.jsの404ページ
  - `URL` https://riot.js.org/404

●Riot.js公式サイトの404ページ

　課題としては、CHAPTER 06で説明した404エラー用のページを自分たちで独自に作成し、表示してみてください。 **404.html** のようにHTMLファイルを用意し、リダイレクトするのもよいですが、SPAの特性通りに404エラーのコンポーネントを用意して表示してみるほうが面白いかと思います。

手順としては、次のようになります。

1 404ページ用のコンポーネントファイルを作成する（例：src/pages/not-found.riotなど）

2 app-router.riotで存在しないURLにルーティングされていることを検知する

3 <route>で404ページのコンポーネントをレンダリングさせる

　実装の例としては次のようになります（あくまで簡易的な実装なので参考までに）。ただし、直接、URLを入力してアクセスすると画面がフラッシュしてしまい、ログイン状態がクリアされるので状態の保持が必要となります。

SAMPLE CODE app-router.riot

```
<route path="(.*)">
  {onRoute(route)}
</route>

...

<script>
  import { router } from '@riotjs/route'
  import Dashboard from '../pages/dashboard.riot'
  import Members from '../pages/members.riot'
  import Profile from '../pages/profile.riot'
  import Stats from '../pages/stats.riot'
  import Detail from '../pages/detail.riot'
  import NotFound from '../pages/not-found.riot'

  const pages = [
    '/dashboard',
    '/members',
    '/profile',
    '/stats'
  ]

...

  },
  onRoute(route) {
    // ここで該当するページがないかどうかを判定
    onRoute(route) {
      const page = pages.find(page => page === route.pathname)
      if (page === void 0) router.push("/404")
    }
  }
}
</script>
```

▐▌▌ Webpackのススメ

本書で利用したParcelというバンドラはリリースされてからもさまざまな機能が追加されてきており、十分、Webアプリケーションの開発はできますが、本格的な開発を求めるのであれば、**Webpack**（**Rollup.js**もよいです）を使うことをオススメします。2つの特徴を並べると、次のようになります。

- Webpack：多機能でかゆいところまで手が届くバンドラ
- Parcel：細かい設定が不要で、ビルドが簡単にできるバンドラ

これだけでもParcelはブラックボックスが大きく簡易的であることがわかるかと思いますが、さらにWebpackの方が優れている点として、次のことが挙げられます。

- Webpackで利用している機能がParcelには実装されていない
- Webpackは現代の三大フレームワークのボイラープレートでも採用されている
- Webpackの方が歴史が長く、利用事例も圧倒的に多い

以上のことから実務での利用は難しいと考え、Webpackを推奨します。公式のサンプルも用意されているので、もしWebpackを導入するとなった場合は参考にしてください。

- 公式のWebpack開発環境サンプル
  URL https://github.com/riot/examples/tree/gh-pages/webpack

▐▌▌ Storeによるデータの一元管理

Webフロントエンドのデータの管理にも歴史がありますが、Facebook社が考案した**Flux**というデータフローの設計手法が生まれました。これはとても大きいので触れておきたいと思います。Fluxの大きな特徴は、データフローを単一に限定する、という点です。Fluxのデータフローを示すわかりやすい図が用意されていました。

●Fluxのデータフロー図

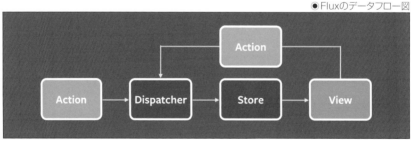

※出典：https://github.com/facebook/flux/tree/master/examples/flux-concepts

前述の通り、データを管理している **Store** を更新するためには、すべてのオペレーションが **Dispatcher** に集約されています。 **Dispatcher** は **Store** に対してイベントを発火し、**Store** は **Dispatcher** から送られてくる各 **Action** イベントごとに対応する関数を実行します。すなわち、どの **Action** に対し、どの関数が実行されるかが決まっているので、どの **Store** の何が更新されるかも決まってきます。よって、イベント発火後にアプリケーションがどのような状態になるかを予測することができます。詳しくは上記画像のURLに説明が記載されているので、参照してください。

Fluxの話を少し脇に置きまして、Riot.jsの **Store** ライブラリの話に移りたいと思います。Riot.js用にもいくつか **Store** ライブラリが開発されているので、紹介します。

ライブラリ名	説明
RiotControl	超軽量なRiot.js用ストアライブラリでversion2の際に生み出された URL：https://www.npmjs.com/package/riotcontrol
riotx	Vue.js専用のストアライブラリであるVuexを参考にRiot.js用に開発されたもの URL：https://www.npmjs.com/package/riotx
Riot Meiosis	Riot.js version4用に開発された、イベントストリームに基づいたストアライブラリ URL：https://www.npmjs.com/package/riot-meiosis
Riot stx	Riot.js version4用に開発された超軽量なストアライブラリ URL：https://github.com/klicat/riot-stx

RiotControlはわずか17行の超軽量なライブラリで、その分、汎用性も高く、version4でも利用することができます。**riotx**はversion3用に開発され、非常に使いやすく重宝していましたが、残念ながらversion4には対応されませんでした。代わりではないですが、version4では**Riot Meiosis**というライブラリが登場しました。こちらは少し取っ掛かりが難しいですが、dev toolも用意されていて、使い勝手が良いのでこちらを検討してもよいかと思います。また、他にも**Riot stx**というライブラリも開発されています。Riot stxはとても軽量かつ基本的な機能のみとなっているので、簡単に導入でき、かつわかりやすいです。

Riot.js用ではないストアライブラリも世の中には多く生み出されていますが、その中でもとても有名かつ使いやすいものが**Redux**というライブラリです。

● Redux

　URL https://redux.js.org/

これはFluxをベースにより実践的に使いやすく設計されたライブラリで、Fluxとの大きなの違いは **Dispatcher** がなくなり、**Store** のデータ更新を担当するものがそれ用の関数になったことです。これにより冗長なコードの削減と、関数の再利用性が可能となります。また、Fluxでは **Store** が複数存在することもありましたが、Reduxでは **Store** がシングルトンになっています。

手前味噌ながらReduxを用いた参考アプリを作成しましたので、参考にしてください。Reduxを操作するための **redux-thunk** というライブラリを用いています。

● Reduxを用いたサンプル

　URL https://github.com/kkeeth/riot4-book-example-apps/redux

Ⅲ SSR(Server Side Rendering)

SSR(Server Side Rendering)という言葉を耳にしたことがある方も多いでしょう。SPA
を開発するだけならば気にする必要はありませんが、実運用を考えたときにSEO(Search
Engine Optimization)は避けては通れません。SPAではページ遷移をシームレスに行え
ますが、そもそもページ(HTML単位)としては1ページしか存在しないため、各ページのSEO
をセットしたとしてもGoogleクローラーがきちんと認識してくれない可能性があります。その対策
の1つとしてSSRという技術があります。

これはどういう技術かというと、**ブラウザにHTMLを返す前にサーバーサイドでSPAの
JavaScriptを評価・レンダリングしたHTMLを作成する**ものです。SEO対策としては定番
の手法ですが、もちろんメリット・デメリットがあります。

メリットは次の通りです。

- クローラビリティが向上
- ページの表示が早い

フロントエンドの人間が"SSR"するときは、Node.js(Expressというフレームワークが有名)を
用いて実装することが多いです。同じJavaScriptという言語のため親和性が高く、フロントエ
ンドの人間でも容易に実装ができます。

デメリットは次の通りです。

- Node.js が常時起動するため、のサーバーを用意する必要があり、そのランニングコストが
かかる
- 静的サイトのみをホスティングするような環境(Amazon S3 など)では利用できない
- 実装には考慮することが意外と多く、工数がかかる可能性が高い

Riot.jsのエコシステムには、SSR用のライブラリである `@riotjs/ssr` が公式から用意さ
れています。こちらのライブラリですが、**それ単体ではSSRを実装することはできず、何かし
らのNode.jsフレームワークの導入が必須です。**ここでは簡単にレンダリングの根幹のソー
スコードのみ触れたいと思います。

```
import MyComponent from './my-component.riot'
import render from '@riotjs/ssr'

const html = render('my-component', MyComponent, { some: 'initial props' })
```

最も基本的な使い方は `render()` メソッドでレンダリングを実行し、レスポンスにレンダリ
ング後のHTMLが返されます。サーバーサイドレンダリングが実行されたコンポーネントは、
`onMounted()` メソッドの引数に `isServer = true` が自動でセットされます。

`render()` メソッドは同期的なメソッドですが、非同期的にレンダリングしたい場合は、
`renderAsync()` メソッドを用います。

```
import MyComponent from './async-component.riot'
import {renderAsync} from '@riotjs/ssr'

renderAsync('async-component', MyComponent, { some: 'initial props' })
  .then(html => {
    console.log(html)
  })
```

この場合、レンダリングされたコンポーネントでは **onAsyncRendering** メソッドにて検知できますが、このメソッドは名前の通り **Promise** を返すか、**resolve**、**reject** コールバックを使用できます。

```
export default {
  onAsyncRendering(resolve, reject) {
    setTimeout(resolve, 1000)
  }
}
```

また、レンダリングした結果のHTML、CSSをそれぞれ個別に分けて取得したい場合は、**fragments()** メソッドを用いることができます。

```
import MyComponent from './my-component.riot'
import {fragments} from '@riotjs/ssr'

const {html, css} = fragments('my-component', MyComponent, { some: 'initial props' })
```

あとは、取得したHTML、CSSをNode.jsのフレームワークでブラウザに返します。

KoaというNode.js用フレームワークを用いた公式のサンプルアプリが作成・公開されているので、もしSSR対応する場合は参考にしてみてください。ルーティング、**Not Found** ページも用意されています。本書のCMSをSSRで作り直してみるのも面白いかと思います。

- ● SSRのサンプル
  - URL https://github.com/riot/examples/blob/gh-pages/ssr

エコシステム一覧

Riot.jsはversion4からエコシステムがとても充実してきました。version3のエコシステムとの大きな違いは、**完全にモジュール化**したことです。必要なものを必要なときに個別に選択できるように設計されています。

モジュール	説明
@riotjs/cli	ローカル上でtagsをJavaScriptにコンパイルするためのCLI URL：https://github.com/riot/cli
@riotjs/ssr	非常にシンプルなサーバーサイドレンダリング URL：https://github.com/riot/ssr
@riotjs/hydrate	SPAのためのハイドレーション戦略 URL：https://github.com/riot/hydrate
@riotjs/route	Riot.js用ルーター URL：https://github.com/riot/route
@riotjs/hot-reload	ライブリロード用のプラグイン URL：https://github.com/riot/hot-reload
@riotjs/compiler	拡張タグコンパイラ URL：https://github.com/riot/compiler
@riotjs/parser	HTMLパーサ URL：https://github.com/riot/parser
@riotjs/dom-bindings	式ベースのテンプレートエンジン URL：https://github.com/riot/dom-bindings
@riotjs/now	https://zeit.co/nowの統合 URL：https://github.com/riot/now
@riotjs/custom-elements	ネイティブカスタム要素の実装 URL：https://github.com/riot/custom-elements
@riotjs/observable	異なるコンポーネント間でイベントの送受信 URL：https://github.com/riot/observable
@riotjs/lazy	コンポーネントの遅延読み込み URL：https://github.com/riot/lazy
@riotjs/parcel-plugin-riot	Riot.js用のParcelプラグイン URL：https://github.com/riot/parcel-plugin-riot

これら以外にも、サードパーティ製のモジュールもいくつか存在するので、ぜひ、調べてみてください。

||| EPILOGUE

　私がRiot.jsと出会ってから約5年が経とうとしていますが、もちろん当時は、まさか自分が商業誌として技術書を執筆することになるとは思っていませんでした。

　私が初めてRiot.jsを知り、コードを書き始めたときの感動は今も忘れることはできません。「こんなに簡単に書けるのか!」と。当時の私はPHPエンジニアで、フレームワークもいくつか触ったことがあるくらいの経験値しかありませんでしたが、はじめてJavaScriptのライブラリで開発をしたのがRiot.jsでした(jQueryはそれ以前からありましたが、別の議論が始まるので今回は脇に置いておきます)。もちろん落とし穴はいくつかありましたが、それを補うほどの手軽さとシンプルさに一目惚れし、今もお付き合いしています。

　Riot.jsのコア開発チームメンバーは創始メンバーからはだいぶ変わってしまいました。今メインで開発している方は長くRiot.jsにコアコミッターとして関わっていますが、いつまで開発をしてくれるかはわかりません。しかし、そんな状況の中、Riot.jsの根本的思想「シンプル、軽量、ヒューマンリーダブル(Web標準に準ずる)」は微塵も変わらず、プロジェクトスタートから一貫してこの思想のもと、設計・開発が進められてきています。すなわち「この混沌としたJavaScriptの世界に暴動(秩序)を」と。

　メジャーバージョンが上がるたびに破壊的変更もいくつかありましたが、シンタックスやAPIは多少変われど、マインドが変わらないのはありがたいことです。また、Version2からコンポーネント指向UIライブラリとして生まれ変わり、一時期は少し人気を博しましたが、パフォーマンスに難がありユーザーは離れていってしまいました。今のVersion4では当時と比べものにならないくらいパフォーマンスも改善され、より洗練されてきていると実感します。

　このライブラリの素晴らしさも昔から少しずつ広く知られるようになってきております。Slackの日本ユーザーグループチャンネル、全世界からアクセスできる公式のDiscordチャンネルも作成され、少ないながらもコミュニティは形成されてきています。現在では海外のユーザーの方が圧倒的に多いようです。

　今回、はじめての執筆活動をしてわかったことは、自分がRiot.jsについて全然、理解できていなかったことや、Riot.jsの新たな一面があるんだなということです。「はじめに」でも記載しましたが、Riot.jsはJavaScriptのフレームワーク・ライブラリの中の最初の一歩として使う分にはとてもよいライブラリだと感じました。本書が誰かの飛翔のためになれば筆者冥利に付きますし、そうなることを願いつつ。

2020年5月

桑原聖仁

■謝辞

　本書は多くの方のご助力により、形になることができました。ここで名前を挙げつつ、御礼を申し上げたいと思います。

- フリーランス　湊川あい 様
- フリーランス　須永夏子 様
- フリーランス　井上暢己 様
- フリーランス　勝谷元気 様
- フリーランス　竹本雄貴 様
- 株式会社スタディスト　中島凛 様

　湊川様は本プロジェクトの立役者であり、本書が生まれるきっかけをいただいた方です。湊川様の執筆者を探しているというあのツイートがすべての始まりでした。それから出版社の方に取り次いでいただき、本プロジェクトがスタートという運びとなりました。本当に感謝しております。

　須永様は本書のターゲット層に最も近く、何度も表現の仕方や言葉遣い、また1つひとつの言葉の表現がどのように感じられるかという読者視点から、一通り手を動かしていただき動作のチェックもしていただきました。さらに、誤字脱字に対する修正のご助力には感謝の念に堪えません。ありがとうございました。

　井上様は本書でも利用させていただきましたSemantic UI Riotの開発者であり、テクニカルレビューだけでなく、Semantic UI Riotに対する問い合わせの対応や、バージョンアップ対応など、本業もある中、お時間を割いていただき誠にありがとうございました。これからもSemantic UI Riotをありがたく使わせていただきたいと思いますし、宣伝もさせていただければと存じます。

　勝谷様はフリーのデザイナーであり、お忙しい中、レビューをしていただきました。本文中でも触れましたが、Riot.js version4のロゴを作成されたのも勝谷様となります。また、Riot.jsコミュニティやDiscordでも積極的に関わっていただいたり、TwitterでもRiot.jsの発信を続けていただくなど、Riot.jsを積極的に盛り上げていただいております。いつもいつも、本当にありがとうございました。

　竹本様はReactの知見を多く持っておられ、そのベースから客観的な視点でのテクニカルレビューを多くいただきました。とても参考になるご意見ばかりで、私も学びが多かったです。本書を安心して世に送り出せるなと思えるようになったのも、竹本様のレビューのお力添えが大きかったです。ありがとうございました。

334

中島様は抱負な知識と経験からテクニカルなレビューだけでなく、1つひとつの言葉の言い回しや表現、読者がどう感じるかなど、とても細かくレビューをいただきました。本書のコンセプトでもある「入門者やデザイナーさんにもわかりやすい本を」という点を表現するにあたって多大に貢献していただきました。心より感謝申し上げます。

　また、出版社であるC&R研究所の吉成様には大変にお世話になりました。私の執筆が遅くご迷惑をおかけしている中、たびたびの要望にも答えていただき、とても助かりました。吉成様なくして、本書は書ききれなかったのではないかと思います。本当にありがとうございました。

　最後に、日ごろから私の心身を案じてたびたび連絡をくれる家族にも感謝を申し上げたいと思います。なかなか返信が遅い私ですが、いつもくれる連絡はありがたく、心の支えの一端になってます。重ねて御礼を申し上げたいと思います。

参考文献

◆Web記事

「A REACT- LIKE, 3.5KB USER INTERFACE LIBRARY」(http://devsite.muut.com/riotjs/)

「Master Riot v3: Learn Riot.js from Scratch」

(https://www.udemy.com/course/master-riot/)

「Building Apps with Riot」(http://bleedingedgepress.com/building-apps-with-riot/)

「From React to Riot 2.0」(https://muut.com/blog/technology/riot-2.0/)

「Riot.js — The 1kb client-side MVP library」

(https://muut.com/blog/technology/riotjs-the-1kb-mvp-framework.html)

「Every revolution begins with a Riot.js first」
(https://medium.com/@gianluca.guarini/
every-revolution-begins-with-a-riot-js-first-6c6a4b090ee)

「kiichi/riotjs4-examples」(https://github.com/kiichi/riotjs4-examples)

「SVELTE」(https://svelte.dev/)

◆書籍

『Ionicで作る モバイルアプリ制作入門[Angular版] Web/iPhone/Android対応』

(榊原昌彦著、C&R研究所刊)

『Vue.js入門 基礎から実践アプリケーション開発まで』

(川口和也/喜多啓介/野田陽平/手島拓也/片山真也著、技術評論社刊)

『りあクト! TypeScriptで始めるつらくないReact開発 第2版』

(大岡由佳著、https://booth.pm/ja/items/1312652)

『Netlify Recipes』(mottox2著、https://mottox2.booth.pm/items/1312384)

INDEX

■著者紹介

桑原　聖仁　東京の大学院修士課程修了後、株式会社エスキュービズムに入社。以降、EC
（くわはら）（きよひと）　サイト新規構築・保守業務に携わり、プロジェクトマネージャーの経験も積む。
その後、レプラホーン株式会社に転職。Webアプリケーション開発に従事した
後、現在の株式会社ゆめみに転職。Node.jsでAPIの開発、フロントエンドチー
ムのリードエンジニア経験を経て、株式会社ゆめみの取締役に就任。さまざま
なエンジニア勉強会で登壇。
他、Riot.jsコラボレーター、Riot.js Japan User Groupオーガナイザー。

■企画協力
湊川 あい（フリーランス）

■レビュアー
須永 夏子（フリーランス）／ 井上 暢己（フリーランス）／ 勝谷 元気（フリーランス）／
竹本 雄貴（フリーランス）／ 中島 凛（株式会社スタディスト）

> 編集担当 ： 吉成明久 / カバーデザイン ： 秋田勘助（オフィス・エドモント）

●特典がいっぱいのWeb読者アンケートのお知らせ
　C&R研究所ではWeb読者アンケートを実施しています。アンケートに
お答えいただいた方の中から、抽選でステキなプレゼントが当たります。
詳しくは次のURLのトップページ左下のWeb読者アンケート専用バナー
をクリックし、アンケートページをご覧ください。

C&R研究所のホームページ　**http://www.c-r.com/**

携帯電話からのご応募は、右のQRコードをご利用ください。

Riot.jsで簡単Webアプリ開発

2020年7月1日　　初版発行

著　者　桑原聖仁

発行者　池田武人

発行所　株式会社　シーアンドアール研究所
　　　　新潟県新潟市北区西名目所 4083-6（〒950-3122）
　　　　電話　025-259-4293　FAX　025-258-2801

印刷所　株式会社　ルナテック

ISBN978-4-86354-311-9　C3055
©Kiyohito Kuwahara, 2020　　　　　　　　　　　Printed in Japan